新文京開發出版股份有限公司
NEW WCDP
新世紀・新視野・新文京－精選教科書・考試用書・專業參考書

New Wun Ching Developmental Publishing Co., Ltd.

New Age · New Choice · The Best Selected Educational Publications — NEW WCDP

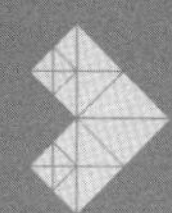

Environmental Sanitation-Pest Control in IPM

環境衛生害蟲防治

王凱淞｜編著

國家圖書館出版品預行編目資料

環境衛生害蟲防治／王凱淞編著.－初版.－
新北市：新文京開發出版股份有限公司，2022.08
面；　公分
ISBN 978-986-430-851-4（平裝）

1.CST：昆蟲　2.CST：有害生物防制

387.7　　111010960

環境衛生害蟲防治　（書號：**B467**）

編　著　者　王凱淞
出　版　者　新文京開發出版股份有限公司
地　　　址　新北市中和區中山路二段 362 號 9 樓
電　　　話　(02) 2244-8188（代表號）
F　A　X　(02) 2244-8189
郵　　　撥　1958730-2
初　　　版　西元 2022 年 08 月 01 日

　建議售價：380 元

法律顧問：蕭雄淋律師
ISBN　978-986-430-851-4

編著者序

PREFACE

環境衛生害蟲防治，是一本介紹如何預防與管理昆蟲、囓齒動物和其他害蟲相關的疾病、滋擾和材料損失的著作，本書深入介紹社區環境中常見的害蟲，以及其造成的衛生及疾病等衍生問題，提供全面性的害蟲管理概念和防治建議。

本書採用有害生物綜合防治(IPM)的概念，以基於科學的常識性方法，用於減少病媒和公共衛生害蟲的數量。個論中導入各種害蟲管理技術，重點是預防害蟲、減少害蟲和消除導致害蟲侵擾的條件，目的在於防止或最大限度地減少室內和結構性社區害蟲（包括昆蟲、囓齒動物和令人討厭的動物）進入、引入和存活。敝人認為，如果可持續地使用生物性、物理性和其他非化學方法，且能夠提供令人滿意的蟲害控制，則必須優先於化學方法。本書所倡導的綜合蟲害管理，意味著仔細考慮所有可用的方法，並隨後整合適當的措施，以阻止有害生物種群的發展，將其族群和其他形式的危害保持在經濟和生態上合理的水平，減少或盡量減少對人類健康和環境的風險。

希望本書能使讀者們了解害蟲入侵社區環境的發生，與個人衛生觀念、家庭衛生、社區環境、群體互動、流行病學觀念息息相關；衛生害蟲的預防是個人、社會乃至環保體系的責任與義務，期望透過此書，可讓讀者習得環境衛生害蟲管理的原理、防治策略及應用概念，更希望對「公共衛生師」、「營養師」和「食品技師」國家考試有所助益，更祈望對公共衛生相關學系、營養系、餐飲管理學系、衛生單位、環保單位體系等先進們，提供參考。

王凱淞 謹識

王凱淞

AUTHOR

學歷

國立中興大學 昆蟲所 博士

高雄醫學大學 醫研所 碩士

中山醫學大學 醫技系 學士

經歷

中山醫學大學 公共衛生學系 副教授

中山醫學大學 公共衛生學系 助理教授

證照

環境保護署 環境衛生用藥製造及販賣 技術士

環境保護署 病媒防治技術士

衛生福利部 醫事檢驗師

現職

中山醫學大學 公共衛生學系 教授

目 錄

CONTENTS

CHAPTER
08 白蟻(Termite)

CHAPTER
09 床蝨(Bed Bug)

CHAPTER
10 百足蟲(Centipede)

CHAPTER
11 蚰蜒(House Centipede)

CHAPTER 15 室塵蟎(House Dust Mite; HDM)

CHAPTER 16 人疥蟎(Sarcoptes)

CHAPTER 17 常見蚊蟲(Culicidae)

CHAPTER 18 常見蠅類(House Fly)

CHAPTER 01

環境衛生害蟲防治概念

本章大綱

環境衛生害蟲(Environmental Sanitation-Pests)係指在人類生活環境中，那些影響人類健康的節肢動物總稱。廣義而言，包括衛生害蟲、農業害蟲、貯穀害蟲、財產害蟲及不屬於昆蟲的有害生物。衛生害蟲係指可對人類健康造成直接或間接危害、影響人們正常生活的所有節肢動物。有害生物若按其對經濟所造成的損失來排序，以昆蟲所造成的損失最高，如農業害蟲、貯穀害蟲及財產害蟲。

害蟲是人類對一些節肢動物（大多屬於昆蟲綱）的定義，這些動物往往會對人類的生活、生產造成負面影響，即使有部分不會損害人體健康，但皆會損害植物或人類所擁有的物資。害蟲此一名詞亦常用來指昆蟲綱或其他蟲類的有害生物，如引起致命流行病的生物。廣義來說，所有會對人類造成競爭威脅的生物，都可被列為有害生物，包括不屬於昆蟲的有害生物，牠們會通過騷擾、叮刺、寄生等多種方式危害人類生活，並傳播疾病的病原體，如傳播鼠疫、恙蟲病、疥瘡、萊姆症、傷寒、登革熱、瘧疾等流行病，嚴重威脅人們的生命安全。

1-1 常見的環境衛生害蟲

在臺灣，常見的環境衛生害蟲如下：

1. 會造成騷擾或叮咬、刺吸人類血液，引發不適或疾病的有害昆蟲：如恙蟲、蚊、小黑蚊、隱翅蟲、臭蟲、蟎、蠓、虻、蚋、蚤以及蜱等，大部分為吸血的節肢動物。當在某些地區大量發生時，種群密度極高，往往會成群地襲擊，牠們的叮咬一般可引起搔癢甚至紅腫，使人難以忍受，嚴重妨礙人們的戶外活動。
2. 寄生人體：如某些蠅類幼蟲會寄生在人體的不同部位引起蠅蛆症；疥蟎的寄生可引起疥瘡等。

3. 損害農作物：如秋行軍蟲、荔枝椿象。
4. 造成財產損害：如衣魚、衣蛾、白蟻等。
5. 蛀蝕、汙染食物、衣物或紙張等之害蟲：如蟑螂、蒼蠅、衣魚與衣蛾等。
6. 食品作業場所的積穀害蟲：如米象、玉米象、綠豆象、小紅鰹節蟲、煙甲蟲、鋸胸粉扁蟲、外米偽步行蟲、麥蛾、外米綴蛾、粉斑螟蛾、穀蠹、大穀盜等。

1-2 環境衛生害蟲的危害

一、分類

環境衛生害蟲依其危害程度，可分為下列三類。

(一) 主要害蟲(Primary Pests)

係指在生活環境中常見的，且會造成身心危害或經濟損失的害蟲，如蚊子、蒼蠅、蟑螂、白蟻、秋行軍蟲、荔枝椿象等。

(二) 二次性害蟲(Secondary Pests)

係指在防治了主要害蟲之後伴隨發生的害蟲問題，如在進行老鼠防治工作後，由於鼠隻死亡，體溫下降，寄生在其身上之蚤類（如貓蚤）轉而攻擊人類，變成了二次性害蟲。此外，寄生在家庭的貓、狗身上的蚤、蜱及其他吸血昆蟲均有此類情形。

（三）偶發性害蟲(Occasional Pest or Occasional Invaders)

或稱「偶然入侵者」；包括那些可能在其生命週期的某個階段出現在我們的生活環境中，但通常不會完成其整個生命週期的害蟲。這類害蟲大多數生活在建築物外，但可能會進入室內，往往為季節性，或是在尋找藏身之處、水或食物時偶然進入的。儘管牠們可能會大量進入，但一般不會造成損害，只不過牠們的存在會令人討厭，如蜈蚣、馬陸、蟎類、衣魚、衣蛾、隱翅蟲、蜘蛛等。

二、傳播方式

環境衛生害蟲傳播疾病的方式，可分為機械性傳播(Mechanical Transmission)和生物性傳播(Biological Transmission)兩種。

（一）機械性傳播

係指對病原體僅具有攜帶、輸送等的汙染作用，也就是說，病原體只是機械地從一個宿主被傳給另外一個宿主，如住家和社區中的蠅類、蟑螂等，由於牠們具有喜歡在垃圾等髒物表面停留、覓食的習性，且身體上有許多剛毛，極易沾染病原體，因此，易將人們的食物等生活用品汙染，進而導致疾病發生。另外一種傳播疾病的方式為生物性傳播，也是環境衛生害蟲傳播疾病最為重要的方式，此種疾病傳播方式為病原體在媒介體內，必須經過發育和（或）繁殖的生理過程，達到其傳染期或繁殖至一定數量後，才能對人或其他宿主動物具有感染能力。

（二）生物性傳播

可具體區分為：

1. 循環發育式傳播(Cyclodevelopmental Transmission)：即病原體需在媒介體內經歷某一發育過程，以完成其生活史達到感染期，才能被傳播給其他新宿主。在此過程中，病原體的數量沒有增加，如由蚊蟲傳播的淋巴絲蟲病就屬此類型。

2. 循環繁殖式傳播(Propagative Transmission)：病原體在媒介體內需經過繁殖，達到一定數量後才能通過媒介進一步傳播。此種方式傳播的疾病多屬病毒、立克次體和細菌等，如由硬蜱傳播的萊姆症、恙蟲傳播的恙蟲病和蚤類傳播的鼠疫等。

3. 發育繁殖式傳播(Cyclopropagative Transmision)：病原體在媒介體內需同時完成生活史的發育和繁殖兩個過程，才能被傳播，進而感染新的宿主，如由瘧蚊傳播的瘧疾（瘧原蟲）。

4. 經卵或跨蟲期傳遞式傳播(Transovarial Transmission or Transstadial Transmission)：此種傳播方式在流行病學中又稱為垂直傳遞，病原體多為病毒、立克次體和螺旋體等，媒介則廣見於蜱類和恙蟎，以及某些蚊類和白蛉等。特點是病原體不僅在媒介體內繁殖，更重要的是還能侵入雌蟲卵巢的胚胎細胞、卵細胞，經卵或（和）經期傳遞給子一代或子幾代的某期（幼蟲）或所有發育期，如由埃及斑蚊、白線斑蚊傳播的登革熱、全溝硬蜱傳播的 Q 熱及森林腦炎。

1-3 環境衛生害蟲的管理

環境衛生害蟲管理(Environmental Sanitation-Pest Management)係指利用各種安全有效的方法，以預防(Preventing)、忌避或驅逐(Avoiding or Expelling)、抑低或消除(Suppressing or Eliminating)一般民眾所厭惡或害怕的環境害蟲，意即專業的選擇、正確的預防及防治害蟲的方法。使用此等專業技術降低蟲害族群到可以接受的水平，通常需多種不同的方法同時進行，才能達到最佳的防治效果，也就是合理的抑低害蟲族群

(As Low As Reasonably Achievable; ALARA)而不造成自然環境生態的影響，此稱為有害生物綜合防治(Integrated Pest Management; IPM)。IPM 綜合防治法是以環境衛生害蟲的生態學為基礎，對人和環境造成最低的危害為前提，利用各種生物、物理、行為、遺傳等不同的防治方法，以達到安全、經濟、有效的環境衛生害蟲管理（圖 1-1）。

圖 1-1　環境衛生害蟲管理概念

應用 IPM 執行環境衛生害蟲管理的概念如下：(1) Integrated：評估、協調與整合。適度調整各類資源的應用，使其發揮最大效益；(2) Pest：1965 年由昆蟲學者首創，早期針對害蟲，之後擴展為凡是對經濟有害的生物，包括病、蟲、鼠害及其他有害生物；(3) Management：管理、控制有害生物族群，使其低於可被接受之經濟危害水準之下，維持共生狀況。簡而言之，就是以有效地管理替代趕盡殺絕。施行此類管理制度，需要耗費許多管理時間，在不影響或增加生產者經濟效益前提下，建立對人類健康與環境友善的多元化環境有害生物管理策略，同時可獲得顯著的生態與社會效益，這也是目前環保署推動永續社區環境衛生的重要工作。有害生物綜合防治的執行層次包括以下三點：

1. 預防(Preventative Control)：預防病媒蟲入侵、棲息或孳生繁殖為蟲害防治的最上策。物理性的屏障如蚊帳、紗門、紗窗，可防蚊、蠅入侵；環境管理如清理水溝、積水處、積水容器；而保持廁所、廚房、浴室乾燥，可防蚊、蠅、蛾蚋入侵。
2. 壓抑(Suppression)：對環境中既存在的病媒害蟲，以最節省的經費、低風險及對人、牲畜、環境造成最低危害的考量與設計，進行驅離、捕捉、消滅，將既存的病媒害蟲族群降至可容忍的水平以下。
3. 根除(Eradication)：即整合預防與壓抑二個層次；滅除環境中既存的病媒害蟲，且清除孳生源、阻絕害蟲可能入侵的途徑。此一層次所使用的殺蟲劑應以低殘效性、多種不同藥劑、分別或混合施用、定期實施，以確保防治成效。

1-4 環境衛生害蟲管理實務

一、社區害蟲管理

(一) 認識害蟲(Know Pests)

了解與認識會發生在社區的害蟲，注意社區環境場所的潛在問題和誘引害蟲入侵的機會，並做好記錄。

(二) 監控(Monitor)

偵察社區的景觀和建築物，找出公共場地或空間中存在哪些害蟲。如工作區、垃圾與廢棄家具堆置區、草坪、花園、廚房、休憩室、地下室、停車場、聚會室、牆壁、住家閣樓等，觀察及監控害蟲密度有多少。

（三）分析(Analyze)

季節性、害蟲出沒的種類、族群大小、孳生源、出沒途徑、是否為社區環境的誘引或人為攜入等。

（四）管理(Manage)

選擇能夠在降低風險的同時，提供經濟、環境成本和效益最佳的平衡策略。如物理性防治或環境衛生用藥防治；謹慎地使用除草劑、殺蟲劑、殺菌劑和化學誘餌。

（五）預防(Prevent)

長期保護社區的景觀和建築物，進行定期環境整頓與不定期的社區衛生宣導。如移除建築物內外的害蟲可能藏身之處和庇護所、清潔排水溝、修剪遠離建築物的樹枝、修理或更換潮濕的木頭、安裝門底刷和屏風，堵住所有的洞和裂縫、修理管道、密封管道系統，以及勿將寵物食品放在屋外過夜，應把寵物食品和鳥飼料置入防蛀、密閉的容器中。

二、校園害蟲管理

教職員工和學生必須了解他們的行為，會如何增加或減少校園的害蟲問題。透過學校管理人員、教職員工、學生、家長和害蟲控制專家的共同努力，並結合下列作為，可以避免校園內的許多害蟲問題。管理方法如下：

1. 立即清理溢出物。
2. 將所有食品存放在密封容器中。
3. 不將食品存放在教室儲物櫃和辦公桌中。
4. 下課後將垃圾攜出教室。

5. 倒垃圾前妥善包裝或袋裝食物垃圾。

6. 清除走廊及水溝垃圾。

三、居家害蟲管理

殺蟲劑會危害人類、寵物和環境，故不到最後關頭，絕不使用殺蟲劑。預防居家害蟲問題，須從四大方面入手：食物、水、害蟲棲身處和入口。

(一) 食物管理

1. 收好食物，以免引來害蟲。

2. 許多害蟲能咬穿紙、紙板和薄塑膠等材質，故應使用硬塑膠、玻璃或金屬材質的容器密封食物。

3. 定期清理所有食物碎屑和餐具殘漬。

4. 清洗所有食物和飲料容器後，再進行回收。

5. 經常清洗垃圾桶和回收桶。

6. 清理植物殘骸，例如果樹的落果。

(二) 水源管理

1. 修補滲漏的水管。

2. 清洗排水渠和坑渠。

3. 排空或處理水坑的水。

4. 不使用時，關緊庭院中所有水龍頭。

（三）害蟲棲身處管理

1. 清理雜物。
2. 清除紙箱、木箱、舊輪胎、木材堆，以及生長過茂的植物。
3. 密封所有害蟲可藏身的縫隙。

（四）入口管理

1. 在房屋所有通風口和門口裝設屏蔽物，將害蟲阻擋在外。
2. 以填充矽膠(Silicon)、門底刷(Door Sweep)或其他阻礙物封住空隙，使害蟲無法侵入。

四、食品作業場所害蟲管理

食品作業場所的環境及結構，可以決定害蟲的入侵途徑、躲藏與種類，而管理清潔維護則可決定發生的頻率與數量。環境不良所造成的害蟲問題常因管理不當所致，欲有效的防治害蟲，首要即是改善食品作業場的環境。不良環境舉例如下：

1. 作業場所較為擁擠髒亂：可能形成蠅類、蟑螂、老鼠等的孳生環境。
2. 作業場所較為潮濕、通風不良：易孳生衣魚、衣蛾、書蝨、塵蟎等危害。
3. 無每日清除廚餘、垃圾且未加蓋：易孳生蒼蠅、果蠅、蟑螂、螞蟻等害蟲。
4. 大樓地下室的抽、排水功能及汙水、化糞池分解功能不佳／易淤積汙水：可能導致家蚊、蛾蚋等害蟲大量孳生。
5. 作業場所封閉性不佳：易遭鼠類及野貓侵入，產生跳蚤的危害。

1-5 環境衛生害蟲的防治偵測

臺灣地處亞熱帶與溫帶區域，環境衛生害蟲的生物種類繁多，且生態習性各異，故偵測、防治方法各有所不同，歸納整理為下列四點：

1. 環境勘查與偵測：社區環境及住戶建築物各樓層、房間、廚房、臥室、地下室、社區垃圾收集區、汙水下水道、水溝（陰溝）等有利害蟲棲息孳生繁殖的環境，可用手電筒進行全面的勘查、記錄、或以手機拍攝，並以簡圖標示勘查結果，建立檔案。
2. 衛生害蟲種類鑑定：採集害蟲之標本、殘肢、排泄物或根據害蟲留下之痕跡；以上亦可以手機拍攝，據以鑑定害蟲的種類、密度及分布情形。
3. 確認孳生源：根據害蟲種類鑑定、危害現象，由病媒防治專業技術人員研判害蟲的孳生或入侵來源，並於現場找出孳生源，拍照確認。
4. 研究防治策略：規劃如何防範害蟲入侵、環境如何改善、孳生源如何清除，考慮施用物理或化學藥劑防治；如果必須採用化學藥劑防治，則應進階考量使用何種藥劑、劑型與劑量，施工時間與工法等。

1-6 偵測環境衛生害蟲的工具

檢疫是將有害生物阻絕於境外的第一道防線；偵測則是預防有害生物入侵的第二道防線。嚴密的偵測網可以早期發現入侵的有害生物，即時啟動緊急防疫機制，有效限制擴散並進而將其撲滅。常被應用於偵測環境衛生害蟲的工具如下：

1. 手電筒或頭戴式探照燈：攜帶方便，用來偵測或檢查病媒害蟲的蹤跡；於夜晚偵測蟑螂時，可以黃色或紅色玻璃紙包覆住手電筒或探照燈，如此對蟑螂較不會造成驚擾。
2. 捕蚊燈：於夜間施用，供種類鑑定、密度評估、監測病媒害蟲棲群消長及防治等用途。可利用市面上販賣的捕蚊燈，其波長約為 365 nm 的藍色光，能誘捕環境中的飛行性昆蟲。
3. 捕蠅燈：於日間施用，供種類鑑定、密度評估、監測病媒害蟲棲群消長及防治等用途。市面上有販賣；利用其波長約為 365 nm 的藍色光，於燈管周圍設置黏蠅紙，能誘捕環境中的蠅類。
4. 黏蠅紙：簡單、便宜又方便的偵測調查及防治蠅類之工具。
5. 捕蟑盒：將食餌放入盒中，置於蟑螂可疑出沒處，兼具偵測調查及防治之功用。
6. 捕蟑屋或黏蟑紙：利用蟑螂分泌的費洛蒙誘捕，兼具偵測調查及防治蟑螂之功用。
7. 吸塵器：長形、軟管的強力吸塵器(1,200 HP)，兼具偵測調查及防治衣魚及衣蛾（筒巢）之功用。

建立良好的衛生條件是有效的害蟲管理基礎；垃圾集中管理和健全的公共衛生結構，可促使環境衛生害蟲防治的推動發揮作用。透過施用以上做法，如清除其生存所需的食物、水和棲息地等，通常可在環境害蟲問題發生之前就被消除，是為建立了一個不適宜害蟲居住環境的最佳策略。

課後複習

( ) 1. 下列何者屬於二次性害蟲(Secondary Pests)？(A)蒼蠅 (B)蚤類 (C)蟑螂 (D)白蟻

( ) 2. 下列何者屬於偶發性害蟲(Occasional Pest or Occasional Invaders)？(A)隱翅蟲 (B)蜈蚣 (C)蜘蛛 (D)以上皆是

( ) 3. 下列何者散播疾病的方式為機械性傳播(Mechanical Transmission)？(A)蒼蠅 (B)蚤類 (C)隱翅蟲 (D)恙蟲

( ) 4. 下列何者可經由卵或跨蟲期傳遞式傳播病原體？(A)恙蟎 (B)蜱類 (C)埃及斑蚊 (D)以上皆是

( ) 5. 熱帶家蚊傳播淋巴絲蟲病的模式屬於何種類型的傳播？(A)循環發育式傳播 (B)循環繁殖式傳播 (C)發育繁殖式傳播 (D)經卵或跨蟲期傳遞式傳播

( ) 6. 瘧蚊傳播瘧疾的模式屬於何種類型的傳播？(A)循環發育式傳播 (B)循環繁殖式傳播 (C)發育繁殖式傳播 (D)經卵或跨蟲期傳遞式傳播

( ) 7. 硬蜱傳播萊姆症的模式是屬於何種類型的傳播？(A)循環發育式傳播 (B)循環繁殖式傳播 (C)發育繁殖式傳播 (D)經卵或跨蟲期傳遞式傳播

( ) 8. 恙蟲傳播恙蟲病的模式是屬於何種類型的傳播？(A)循環發育式傳播 (B)循環繁殖式傳播 (C)發育繁殖式傳播 (D)經卵或跨蟲期傳遞式傳播

( ) 9. 印度鼠蚤傳播鼠疫的模式是屬於何種類型的傳播？(A)循環發育式傳播 (B)循環繁殖式傳播 (C)發育繁殖式傳播 (D)經卵或跨蟲期傳遞式傳播

( ) 10. 白線斑蚊傳播登革熱的模式是屬於何種類型的傳播？(A)循環發育式傳播 (B)循環繁殖式傳播 (C)發育繁殖式傳播 (D)經卵或跨蟲期傳遞式傳播

( ) 11. 全溝硬蜱傳播Q熱的模式是屬於何種類型的傳播？(A)循環發育式傳播 (B)循環繁殖式傳播 (C)發育繁殖式傳播 (D)經卵或跨蟲期傳遞式傳播

( ) 12. 下列何者是有害生物綜合防治(IPM)的執行概念？(A)預防(Preventative Control) (B)壓抑(Suppression) (C)根除(Eradication) (D)以上皆是

( ) 13. IPM綜合防治法是以下列何者為基礎？(A)環境害蟲的生態學 (B)人類安全 (C)社會經濟 (D)以上皆是

( ) 14. 下列何種做法是將有害生物阻絕於境外的第一道防線？(A)偵測 (B)檢疫 (C)綜合防治 (D)以上皆是

( ) 15. 下列何種做法是預防有害生物入侵的第二道防線？(A)偵測 (B)檢疫 (C)綜合防治 (D)以上皆是

解答 | BDADA CBBBD DDABA

CHAPTER 02

秋粘蟲

本章大綱

草地貪夜蛾(*Spodoptera frugiperda*)屬鱗翅目，夜蛾科，俗名「秋行軍蟲」(Fall Armyworm; FAW)，因其在美洲常於夏末、秋季時成大群出現在農田中而得名，又稱秋粘蟲、草地夜蛾，是夜蛾科夜盜蛾屬的一種蛾。草地貪夜蛾種的學名為 *Frugiperda*，frugi 來自拉丁文的「果實」(*Frugis*)，Perda 則來自拉丁文的「破壞」(*Perdere*)；意指本種可對農作物造成損害。其幼蟲分別以玉米和水稻為主要食草。

草地貪夜蛾在農業上屬於害蟲，其幼蟲會大量啃食禾本科作物，如水稻、甘蔗和玉米之類細粒禾穀及菊科、十字花科等多種農作物，造成嚴重的經濟損失。其發育的速度會隨著氣溫的提升而變快，一年可繁衍數代，一隻雌蛾可產下超過 1,000 顆卵。本種原產於美洲熱帶地區，具有很強的遷徙能力，成蟲可在幾百米的高空中藉助風力，進行遠距離定向遷飛，每晚可飛行 100 km。成蟲通常在產卵前可遷飛 100 km，如果風向、風速適宜，遷飛距離會更長。有報導指出草地貪夜蛾成蟲在 30 小時內，可以從美國的密西西比州遷飛到加拿大南部，長達 1,600 km；雖不能在零度以下的環境越冬，但仍可於每年氣溫轉暖和時，遷徙至美國東部與加拿大南部各地，美國歷史上已發生過數起草地貪夜蛾的蟲災。草地貪夜蛾屬於新興的農業害蟲，其族群發展及遷徙型的危害十分迅速；2016 年起，草地貪夜蛾散播至非洲、亞洲各國，並於 2018 年 12 月開始經緬甸傳入中國大陸，並散播至臺灣、韓國與日本等國家或地區，對多國或地區造成巨大的農業損失（圖 2-1）。

2019 年 6 月 10 日，臺灣苗栗縣飛牛牧場的玉米田出現了草地貪夜蛾的幼蟲，為本種散播至臺灣的首例，中華民國農委會防檢局表示該蟲可能是循西南氣流進入臺灣，數日後宜蘭縣、嘉義縣及台東縣的玉米田，也分別捕獲草地貪夜蛾幼蟲，至 6 月 14 日，已有 15 個縣市確認出現草地貪夜蛾幼蟲，且在離島馬祖捕捉到成蟲；6 月 17 日時有數個縣市（包括離島的澎湖、金門與馬祖）亦發現了草地貪夜蛾的成蟲。目前已成為禾本科、菊科、十字花科等多種農作物的重要害蟲（圖 2-2）。

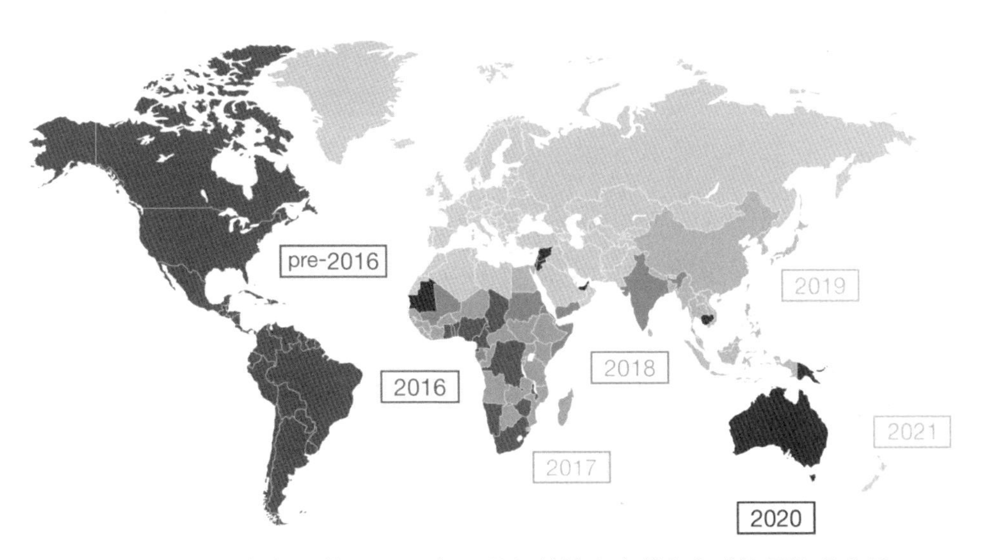

圖 2-1 2016 年起（截至 2020 年 3 月）草地貪夜蛾在全球範圍的分布圖

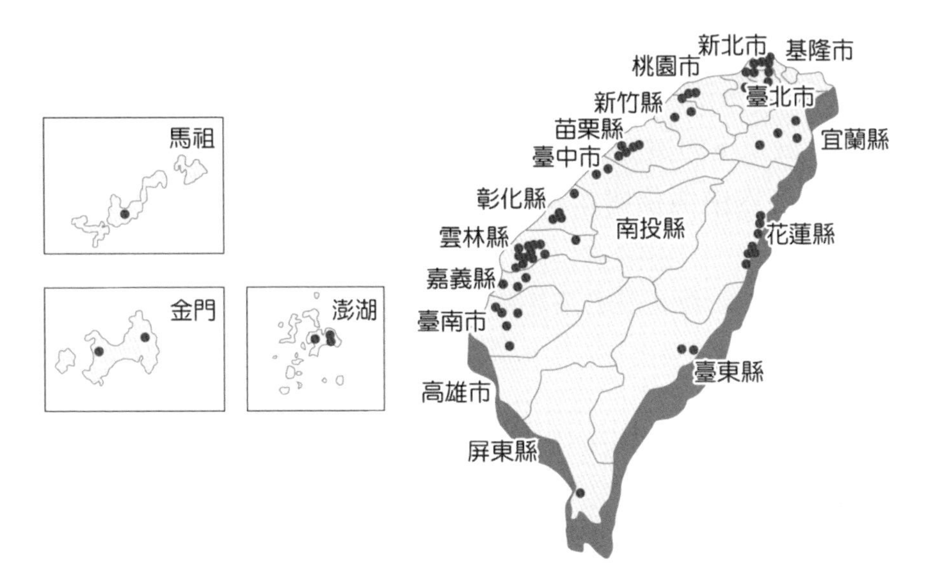

圖 2-2 秋行軍蟲通報件數與確診案件分布

2-1 草地貪夜蛾的特徵

幼蟲的頭部為棕褐色，具白色或黃色倒"Y"形斑。第 6 齡幼蟲體長可達 30~36 mm，腹部末節有呈正方形排列的 4 個黑斑（圖 2-3），此為草地貪夜蛾最明顯的特徵。老熟幼蟲會落到地上借用淺層（通常深度為 2~8 cm）的土壤做一個蛹室，形成土沙粒包裹的繭，亦可在為害寄主植物，如玉米的雌穗上化蛹。

(a)

(b)

圖 2-3　(a)秋行軍蟲幼蟲的頭部為棕褐色，具白色或黃色倒"Y"形斑；(b)腹部末節有呈正方形排列的 4 個黑斑

草地貪夜蛾成蟲翅展約 32~40 mm。雄蛾典型特徵為前翅頂端具有黃褐色環形紋，頂角具白色斑，翅基部有一黑色斑紋，後翅也是白色，後緣有一灰色條帶，外生殖器抱握瓣呈正方形；抱器末端的抱器緣刻缺。雌蛾典型特徵為前翅具有灰褐色環形紋和腎形紋，輪廓線為黃褐色，各橫線明顯，後翅白色，外緣有灰色條帶；交配囊無交配片（圖 2-4）。

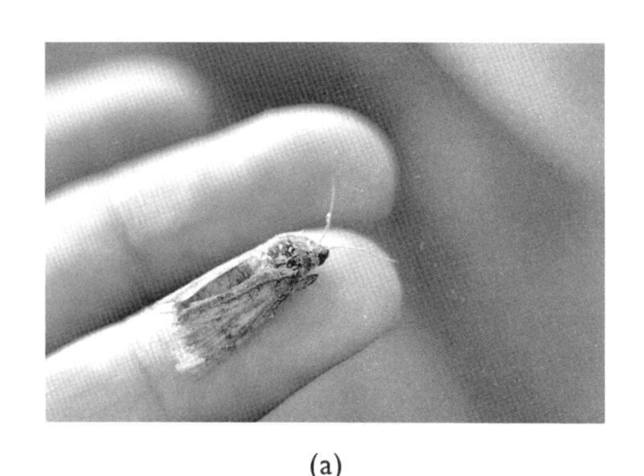

(a)

(b)

圖 2-4 雄蛾成蟲的前翅通常是灰色和棕色斑紋，在尖端和靠近翅中心處，有三角形的白色斑點；雌蛾成蟲的前翅沒有明顯標記，但具灰褐色或灰色，以及棕色的細微斑點。雄與雌成蟲後翅呈現虹彩反光的銀白色，且皆有狹窄之黑色邊框紋路

2-2 草地貪夜蛾的生態

草地貪夜蛾的適宜發育溫度為 11~30℃，在 28℃條件下，30 天左右即可完成一個世代，而在低溫條件下，需要 60~90 天。由於沒有滯育現象，草地貪夜蛾在美國只能於氣候溫和的南佛羅里達州和德克薩斯州越冬存活；在氣候、寄主條件適合的中、南美洲以及新入侵的非洲大部分地區，可周年繁殖。

在臺灣，草地貪夜蛾的生活史於夏季可在 30 天內完成，春季與秋季需 60 天、冬季則需 80~90 天。本種可繁衍的世代數受氣候影響，雌蟲通常在葉片的下表面產卵，族群稠密時則會產卵於植物的任何部位，其一生約可產下 900~1,000 顆卵。草地貪夜蛾為完全變態害蟲，經歷卵、幼蟲、蛹和成蟲四個階段（圖 2-5）。

一、卵

草地貪夜蛾的卵呈圓頂狀，直徑約 4 mm，高約 3 mm，有時被絨毛狀的分泌物覆蓋。剛產下的卵呈綠灰色，12 小時後轉為棕色，孵化前則接近黑色，環境溫度適宜時 4 天後即可孵化。

二、幼蟲

草地貪夜蛾的幼蟲有 6 個蟲齡，形態皆略有差異，1 齡幼蟲長約 1.7 mm，6 齡幼蟲長約 34 mm。幼蟲期長度受溫度影響，約 14~30 天。幼蟲頭部有一倒 Y 字形的白色縫線，低齡幼蟲體色較淺，頭部顏色較深；高齡幼蟲體色漸漸變深，且背側出現不連續的縱向白色條紋，以及有刺的深色斑點，第八腹節有排列成方形的四個黑色斑點，腹側則出現紅色與黃色斑點。

三、蛹

草地貪夜蛾的幼蟲於土壤 25~75 mm 深處化蛹，深度會受土壤質地、溫度與濕度影響。蛹呈卵形，長 14~18 mm、寬約 45 mm，外層為長 20~30 mm 的繭所包覆，蛹期為 7~37 天，其亦受溫度影響。

四、成蟲

蛹羽化後，成蟲會從土壤爬出，展翅寬度約為 32~40 mm，前翅為棕灰色，後翅為白色，本種有一定程度的兩性異形，雄蟲的前翅有較多花紋與一個明顯的白點。成蟲為夜行性，在溫暖、潮濕的夜晚較為活躍，壽命 7~21 天，平均約 10 天。一般在前 4~5 天產下大部分的卵，但羽化的當晚通常不會產卵。

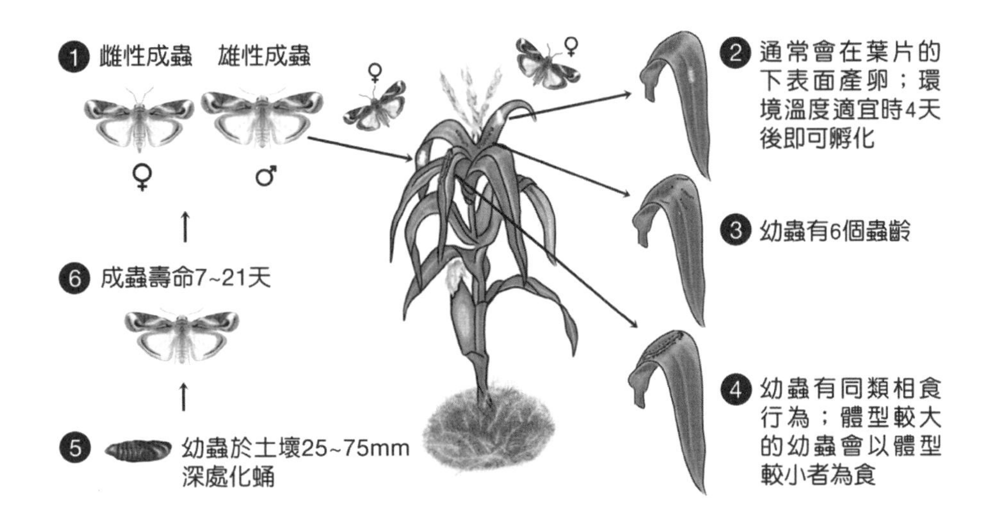

圖 2-5　草地貪夜蛾生活史

2-3 草地貪夜蛾的習性

草地貪夜蛾的寄主範圍廣，屬雜食性，可為害 80 餘種植物，喜食玉米、水稻、小麥、大麥、高粱、粟、黑麥草等禾本科作物，也為害十字花科、葫蘆科、錦葵科、豆科、茄科、菊科等，以及棉花、花生、苜蓿、甜菜、洋蔥、大豆、菜豆、馬鈴薯、甘藷、蕎麥、燕麥、菸草、番茄、辣椒、洋蔥等常見作物和部分觀賞植物、果樹等。

草地貪夜蛾的幼蟲取食葉片會造成落葉，其後轉移為害。有時大量幼蟲以切根方式為害，切斷種苗和幼小植株的莖；此外，幼蟲還會鑽入孕穗植物的穗中、可取食番茄等植物花蕾和生長點，並鑽入果實中。種群數量大時，幼蟲如行軍狀，成群擴散。幼蟲會食用多種農作物與蔬菜水果，造成嚴重經濟損失，且隨著蟲齡上升，取食的植物量亦大量增加。研究顯示，6 齡幼蟲（化蛹前最後一個幼蟲期）食用的植物量高達幼蟲期總食用量的近 80%，而 1 齡、2 齡與 3 齡幼蟲食用的總和僅占 2%。對於玉米，

1~3 齡幼蟲通常在夜間出來為害，多隱藏於葉片背面取食，取食後形成半透明薄膜「窗孔」。低齡幼蟲還會吐絲，藉助風力擴散轉移至周邊的植株繼續為害，因此，龐大的農損常在一夜之間發生。

除了食用植物外，草地貪夜蛾的幼蟲普遍有同類相食行為；幼蟲有 6 個齡期，高齡幼蟲具有自相殘殺的習性，即體型較大的幼蟲會以體型較小者為食。而自然界中同類相食通常有助於增加該物種的適存度，但有研究顯示草地貪夜蛾的同類相食可能會造成適存度降低，包括生存率下降、蛹的重量減輕、發育速度減緩等，而此行為的正面影響仍不清楚，可能與減少種內競爭有關。亦有野外實驗顯示，族群個體密度大時，被掠食者捕食的機率會上升，故透過同類相食降低個體密度，也許能夠減少被捕食的風險。

草地貪夜蛾成蟲具有趨光性，一般在夜間進行遷飛、交配和產卵，卵塊通常產在葉片背面。本種的雌蛾準備交配時，會停棲在植株上方，並分泌性費洛蒙以吸引數隻雄蛾前來交配；雌蛾一晚只交配一次，數隻成蟲會發生肢體碰撞以爭取交配權，而尚未交配過的雌蛾通常是夜晚中最早交配者，若為交配過一次的雌蛾則較晚交配，已交配過數次的雌蛾為最晚交配。成蟲壽命可達 2~3 週，在這段時間內，雌成蟲可以多次交配產卵，一生可產卵 900~1,000 顆。在適合溫度下，卵於 2~4 天即可孵化成幼蟲。

2-4 草地貪夜蛾的防治

草地貪夜蛾已對多種化學農藥產生抗性，有些傳統的化學農藥（例如部分聚酯類農藥）對牠的防治效果不是特別好；再者，草地貪夜蛾屬外來入侵的害蟲，新環境中並無天敵來制約，因此，總體數量於短期內比較容易快速地增長。

防治草地貪夜蛾需針對其生長的不同階段進行，一般是從卵、幼蟲、成蟲幾個階段進行防治，如：(1)卵期：可使用具有殺卵作用的化學農藥進行防治；(2)幼蟲階段：可以利用生物農藥或化學農藥進行防治；(3)成蟲階段：可以用殺蟲燈或性誘劑進行誘殺。下列方法可供參考：

1. 化學防治：目前依非洲國家對秋行軍蟲之防治推薦用藥，多數使用如賽滅寧、賽洛寧、益達胺等中低毒性之農藥。
2. 性費洛蒙防治：利用性費洛蒙誘引雄成蟲，除了可降低成蟲交尾機會，亦同時進行害蟲族群密度監測。
3. 殺蟲燈：能對成蟲進行誘殺，以降低田間的落卵量。
4. 生物防治：使用蘇力菌或其他昆蟲病原機制，如異小桿線蟲(Heterorhabditis Spp.)、白殭菌(*Beauveria bassiana*)、黑殭菌(*Metarhizium anisopliae*)、核多角病毒(Nuclear Polyhedrosis Virus)等。
5. 天敵：草地貪夜蛾的幼蟲會被多種鳥類、鼠類、臭鼬以及甲蟲和蠼螋等昆蟲捕食，寄生蜂與寄生蠅等擬寄生物（主要為 Archytas 屬、盤絨繭蜂屬與甲腹繭蜂屬）也是草地貪夜蛾的重要天敵。

課後複習

( )1. 草地貪夜蛾在農業上屬於害蟲，其幼蟲會大量啃食下列何種農作物？(A)禾本科 (B)菊科 (C)十字花科 (D)以上皆是

( )2. 草地貪夜蛾原產於何地區？(A)美洲熱帶地區 (B)非洲熱帶地區 (C)亞洲熱帶地區 (D)東南亞農業平原

( )3. 草地貪夜蛾在何時侵襲臺灣本土？(A) 2016年 (B) 2017年 (C) 2018年 (D) 2019年

( )4. 草地貪夜蛾成蟲前翅頂端具有黃褐色環形紋，翅展約有多長？(A) 4.5~5.5 cm (B) 22~30 mm (C) 32~40 mm (D) 1.5~2.5 cm

( )5. 秋行軍蟲幼蟲的頭部為棕褐色，具白色或黃色何種圖形斑？(A) X形 (B) Y形 (C) O形 (D) 8字形

( )6. 秋行軍蟲第6齡幼蟲體長可達多長？(A) 15~25 cm (B) 30~36 mm (C) 40~55 mm (D) 15~25 mm

( )7. 秋行軍蟲幼蟲腹部末節最明顯的特徵為？(A)具白色或黃色的X形斑 (B)具白色或黃色的Y形斑 (C)呈正方形排列的4個黑斑 (D)呈正方形排列的4個黃色斑

( )8. 草地貪夜蛾雌成蟲一生中可產下約幾顆卵？(A) 900~1,000顆卵 (B) 2,000顆卵 (C) 2,500~3,500顆卵 (D)其產卵數與食量成正比

( )9. 秋行軍蟲幼蟲的取食植物量以哪一齡期最高？(A)第2齡 (B)第3齡 (C)第4齡 (D)第6齡

( )10. 防治草地貪夜蛾要針對其生長的哪一階段進行？(A)卵期 (B)幼蟲階段 (C)成蟲階段 (D)以上皆是

解答｜DABCB BCADD

CHAPTER 03

隱翅蟲

本章大綱

隱翅蟲科（學名：*Staphylinidae*；英語：Rove Beetle），又名隱翅甲科，是鞘翅目多食亞目之下一類甲蟲的通稱，也是鞘翅目中物種豐富的一科；日常生活所稱的隱翅蟲係指本科物種。隱翅蟲鞘翅極短，因其翅藏匿於前翅之下而不易察覺而得名。隱翅蟲科下分 14 亞科 900 餘屬，超過二萬個物種，廣布世界各地，大多數種類狀似白蟻，體長約 5.0~10 mm。

隱翅蟲主要在每年夏季出沒，但由於臺灣屬於亞熱帶，氣候變化比較不明顯，加上近年溫室效應引起的氣候改變，臺灣於四月初便可見到隱翅蟲。

隱翅蟲科部分物種的體液具有毒性，其中最具代表性的是毒隱翅蟲屬。在臺灣常見的為褐毒隱翅蟲(*Paederus littorarius*)；其成蟲與幼蟲可分泌毒素引起皮膚炎，已被列為衛生害蟲。

3-1 隱翅蟲的特徵

一、褐毒隱翅蟲(*Paederus littorarius*)

為毒隱翅蟲屬；體長約 4.0~5.5 mm，身體呈橘黃色，頭、胸及尾部為鐵青色，俗稱「青螞蟻」（圖 3-1），於 1802 年由德國昆蟲學家 Gravenhorst 發表描述，廣泛分布於世界各地，為臺灣最常見的隱翅蟲。

褐毒隱翅蟲的前胸及腹基部為黃色，胸部背面有 2 對翅，前翅特化為鞘翅，短且堅硬，比前胸背板大，呈黑色，帶有青藍色金屬光澤；後翅膜質，靜止時疊置鞘翅下。胸部具有 3 對足，全身被覆短毛，足黑褐色，後足腿節末端及各足第 5 跗節均黑色。腹部特徵長圓筒形全裸，可見 8 節，前 2 節被鞘翅所掩蓋，末節較尖有黑色尾鬚 1 對，前腹部藍黑色，有光澤鞘翅所覆蓋。雄蟲第 8 節腹板後緣中央有一深的凹缺，雌蟲沒有此一特徵。

圖 3-1　褐毒隱翅蟲

褐毒隱翅蟲為臺灣常見的隱翅蟲種類，民間俗稱「翹屁股（閩南語）」。喜好棲息於草叢、樹林與水田中，經常在大雨過後傾巢而出，捕食其他小昆蟲或以腐肉碎屑為食。雌蟲一生約可產下 100 顆卵，卵會在大約半個月內孵化，並在 3 個月後成為成蟲；成蟲壽命隨種類與環境而異，半年至 1 年不等。

褐毒隱翅蟲爬行速度很快，也能飛行，尤其是陰雨、濕熱的天氣或棲息處受到騷擾時（如整地、除草），活動會加劇並傾巢出動。其具有趨光性，常在夜晚飛到有燈光的地方，再加上體型小，可輕易穿過家庭門窗或紗窗〔一般紗窗孔隙為 16 目（16 篩孔／2.54 cm^2）；一目的孔隙大小為 1.18×1.18 mm〕，故隱翅蟲很容易潛入住家侵害人體，而侵害之部位主要以沒有衣物遮蔽的曝露部位為主。

二、青翅蟻形隱翅蟲(*Paederus fuscipes*)

體長約 6.5~7.5 mm，頭部扁圓形，具黃褐色的頸、口器，下顎鬚 3 節，亦呈黃褐色，末節片狀；觸角 11 節，絲狀，末端稍膨大，着生於複眼間額的側緣，基節 3 節黃褐色，其餘各節呈褐色（圖 3-2）。前胸較長，呈橢圓形，鞘翅短，藍色，有光澤，僅能蓋住第一腹節，近後緣處翅面散生刻點；足黃褐色，後足腿節末端及各足第五跗節黑色，腿節稍膨大，脛節細長，第四跗節叉形，第五跗節細長，爪 1 對，後足基節左右相接。腹部長圓筒形，末節較尖，有 1 對黑色尾突。

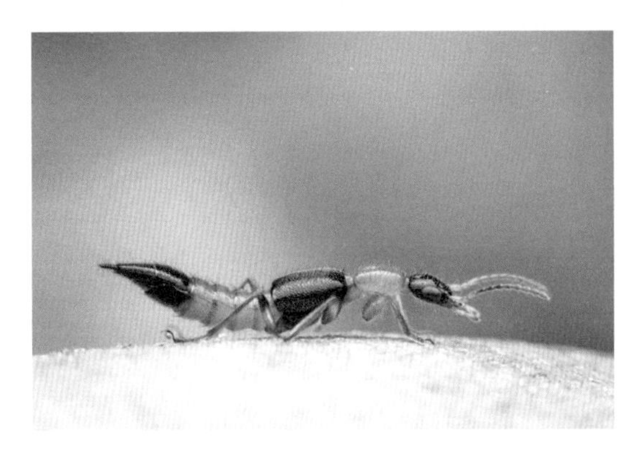

圖 3-2　青翅蟻形隱翅蟲

青翅蟻形隱翅蟲成蟲有趨光性，喜潮濕，行動敏捷，在棉桿上能逐枝尋覓獵物。成蟲有多次交配習性，雌蟲交配後不久即產卵。青翅蟻形隱翅蟲為世界性分布的捕食性昆蟲之一，寄主昆蟲包括玉米螟、棉葉蟬、棉盲蝽、棉小造橋蟲、棉葉蟎、棉鈴蟲、薊馬及棉蚜等；寄主危害作物大部分是棉花、玉米。主要分布於中國湖北、湖南、江蘇、江西、廣東、雲南、四川、福建、浙江及臺灣等地。

3-2 隱翅蟲的生態

隱翅蟲的發育為完全變態，生活史包括卵、幼蟲（2 齡）、蛹和成蟲，在臺灣地區一年約發生 4~5 代，卵期 3~19 天。幼蟲分 2 齡，1 齡幼蟲 4~22 天、2 齡幼蟲 7~36 天，蛹期 3~12 天。一個世代為 22~50 天，平均約 30 天。

一、卵

近球型，大小約 0.6 mm，剛產出時呈灰白色，逐漸轉為淡黃色或黃色。

二、幼蟲

為柄式幼蟲，3 對胸足發達，體型細長，圓錐形。頭部為紅褐色，幼蟲分 2 齡，1 齡 2.5 mm，頭大呈圓錐狀、2 齡 4.0~6.5 mm，體型較均勻。主要孳生於潮濕之爛草堆與腐植質中，初孵幼蟲較活躍，四處爬動尋找獵物；2 齡幼蟲較遲鈍，多活動在稻叢基部或土面，獵食小蟲。

三、蛹

被蛹（離蛹），淡黃色，長 4.5~5.0 mm。初化蛹淡黃白色，頭部大於腹部，近羽化時頭部和腹部末節黑色，老熟幼蟲多在稻叢基部或腐木下化蛹。

四、成蟲

剛羽化的成蟲不甚活躍。成蟲有多次交配習性，交配不久即產卵。在鄉村地區卵散產於土表、稻叢基部等處，雌蟲每日產卵 2~8 顆，產卵期較長，一生產卵 100 顆左右。

3-3 隱翅蟲的習性

隱翅蟲成蟲喜潮濕，行動敏捷，活動範圍很廣，如農田、雜草地、灌木叢皆為其活動和覓食的場所。能捕食鱗翅目幼蟲、蚜蟲、葉蟬、飛虱、薊馬、捲葉蟲、螟蟲及雙翅類等 20 多種作物害蟲，通常被視為益蟲，是一種可以保護利用的天敵種類；其食性可因環境的變化而不同。成蟲也會取食腐敗物質，例如腐肉、糞便、菌類、腐爛水果等。

隱翅蟲成蟲白天多棲息在陰暗潮濕的地方，包括濕地、湖邊、池塘、水溝、雜草叢、石頭下、果園、水稻、玉米等作物田與樹林中等處，晝伏夜出，夜間喜群集繞著燈飛翔，夏、秋兩季最常見。隱翅蟲生性活躍，跑動迅速，善飛翔，如遇驚擾立即逃逸，尤其是陰雨或濕熱的天氣或棲息處受到騷擾時，牠的活動性會更加劇烈，大量成蟲被驅趕出來，如在鄉村地區之稻子收割期，因棲地受到擾動，藏匿於田中的隱翅蟲便會飛出與人類發生接觸。隱翅蟲成蟲對光有正趨性，夜間會飛到亮燈的住宅區或校園宿舍，並鑽過紗窗與人類或是在公園／校園或野外活動的民眾接觸。成蟲飛入室內後多停留在牆壁較高的位置和屋頂，而剛羽化的小個體隱翅蟲則落在地下和牆角處。

在臺灣主要於每年的夏季出沒，但四月初即可見隱翅蟲的身影。其喜好棲息水田、草叢及樹林中，故受害者以山區、農村或郊區居民為大宗，不過近來由於都市綠化的結果，其可輕易穿過居家紗窗，潛入住家侵害人體，都會地區的病例亦不在少數；侵害之部位主要以沒有衣物遮蔽的曝露處為主。此外，隱翅蟲皮膚炎的流行和蟲體的生活習性有相當大的關係。

3-4 隱翅蟲的防治

褐毒隱翅蟲成蟲體內具有隱翅蟲素(Pederin)，為其體內共生的假單胞菌所合成，一旦與人體皮膚接觸後便會造成隱翅蟲皮膚炎(Paederus Dermatitis)（圖 3-3）。隱翅蟲皮膚炎的發生乃因接觸到隱翅蟲的體液，因其含有刺激性物質「隱翅蟲素」，其屬強酸性毒液(pH 1~2)，接觸10~15 秒即有反應，會感到劇烈灼痛，造成皮膚起泡及潰爛。

隱翅蟲不會螫刺或叮咬人，其在人體皮膚上爬行時，會從蟲體關節腔中分泌出體液（富含隱翅蟲素），被擠壓時才會釋放；當蟲體被打死、捻碎時，其體液（毒液）大量濺出，若手不慎沾染到毒液再去觸碰皮膚，會將毒液散布開來，造成廣泛的皮膚病變，產生線狀的病灶（線狀皮膚炎；Dermatitis Linearis）；體液若是接觸到眼睛周圍時，會導致更嚴重的刺痛與腫脹，接著在 1~2 天內出現水泡、膿泡及潰爛。醫療照護下傷口會在 3~4 天乾涸、6~7 天落屑痊癒，色素沉著約在 2 週～1 個月內消失。此外，隱翅蟲素被攝入體內或注射至血液中時，可能引發過敏性休克或致命。

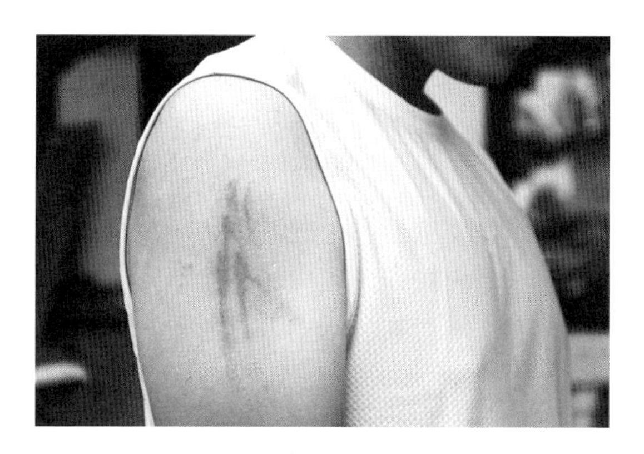

圖 3-3　隱翅蟲線狀皮膚炎

目前隱翅蟲只有防治之道，並沒有撲滅牠的好方法，關鍵在於避免接觸，盡可能不要前往濕地、森林、草原、果園、農田等地區郊遊、宿營、過夜，若逼不得已居住在附近，最好採取防護措施。隱翅蟲好發季節為夏、秋兩季，通常天氣熱時和雨季會較嚴重，再加上除草後的干擾，隱翅蟲便會出沒，增加接觸人體之機會。隱翅蟲好發於農村、城郊或校園，故附近之民眾或學生可採取下列之預防措施：

1. 清除可能孳生隱翅蟲幼蟲之雜草、枯技、落葉、爛木頭等。
2. 以殺蟲劑塗刷紗門、紗窗、門縫、牆壁，可防治成蟲入侵室內。
3. 在隱翅蟲發生流行季節，體質特別敏感者，可於皮膚裸露部位塗抹或噴上 DEET 等防蟲忌避劑。
4. 在燈光底下如發現有隱翅蟲停留於皮膚上，應輕輕地將蟲體吹趕走或將蟲體抖落地上，穿鞋把蟲體踩死。
5. 皮膚若已被隱翅蟲毒液沾染，呈現隱翅蟲皮膚炎症狀，速以清水溫和沖洗病灶，迅速就醫。
6. 全身症狀嚴重者，可用抗組織胺；皮膚廣泛受損者，可小量用腎上腺皮質激素治療。

課後複習

( ) 1. 隱翅蟲的食性屬於？(A)捕食性 (B)雜食性 (C)腐食性 (D)植食性

( ) 2. 在臺灣，隱翅蟲出沒的季節約從幾月開始？(A)四月初 (B)六月 (C)七月初 (D)八月

( ) 3. 在臺灣，隱翅蟲皮膚炎的流行季節約從幾月開始？(A)四月初 (B)六月 (C)七月初 (D)八月

( ) 4. 隱翅蟲體液含有的刺激性物質「隱翅蟲素」(Pederin)，其pH值為何？(A) pH9~10 (B) pH7~8 (C) pH5~6 (D) pH1~2

( ) 5. 接觸到隱翅蟲素後約多久會引起線狀皮膚炎(Dermatitis Linearis)？(A) 10~15分鐘 (B) 1~2小時 (C) 10~15秒 (D) 1~2天

解答 | BAADC

MEMO

CHAPTER 04

臭屁蟲

本章大綱

荔枝蝽象(*Tessaratoma papillosa*)屬於荔蝽科(Tessaratomidae)，又稱碩蝽科，是半翅目的一科，為該類體形較大的昆蟲。頭小，褐色艷麗，有光澤，俗稱石背、臭屁蟲，屬於農業害蟲，在都會區中已成為新興的騷擾性昆蟲，造成民眾的恐慌。

荔枝蝽象原產自中國南方（如福建、廣西、海南島）、印度、印尼、馬來西亞、巴基斯坦、菲律賓、斯里蘭卡、泰國、越南等地區，臺灣於 1997 年首度在金門記錄到荔枝蝽象的入侵、2009 年於高雄市發現該害蟲，2011 年開始蔓延到臺灣並對作物造成嚴重危害（由高雄地區擴散影響到全國荔枝、龍眼產區）。

荔枝蝽象喜好寄居在無患子科植物，包含荔枝、龍眼等經濟果樹，以及無患子、臺灣欒樹，其會吸食植物新梢、花穗汁液，嚴重時甚至導致果樹無可收成；另一對生態層面之影響，為造成非標的昆蟲死亡。荔枝蝽象於 4~5 月為產卵高峰期，與蜜蜂採蜜期相近，若農民為防治荔枝及龍眼上的荔枝蝽象而使用農藥，則會導致蜜蜂死亡，影響蜂蜜採收，造成蜂農收益減少。

4-1 荔枝蝽象的特徵

荔枝蝽象外表最大的特徵為前翅前半為堅硬的革質，而後半則為膜質（圖 4-1）。許多蝽象具有發達的臭腺，在遭受天敵攻擊或驅離敵人時，會分泌具有強烈臭味及刺激的體液來自我防衛，因此，也常常被稱作「臭屁蟲」。

1. 成蟲體長約 21~28 mm，觸角 4 節，黑褐色，體背黃褐色至灰褐色，前胸背板向後延伸覆蓋住小盾片基部，背方隆突具不明顯的橫向褶紋或刻點，側緣弧型，下緣截平，小盾板橙紅色。

2. 前翅革質翅大於膜質翅，膜質翅透明，腹背板外露，各腳黃褐色或密布白色蠟粉。
3. 屬於漸進變態類，1 年一個世代，生活史包括卵、若蟲及成蟲 3 個時期，成蟲和若蟲有群聚行為。
4. 雌蟲每次約可產卵 14 顆，一生至少產卵 5~10 次。
5. 末齡若蟲體色鮮艷，體背有 3 條白色縱、斜斑於端部會合。
6. 荔枝椿象受干擾時會分泌臭液，其具有腐蝕性，若不慎接觸皮膚或眼睛會造成灼傷，甚至有失明危險。

圖 4-1 荔枝椿象不僅影響果樹收成，分泌的體液還會灼傷皮膚；開春後陸續產卵，每放可產下 14 顆卵

4-2 荔枝椿象的生態

荔枝椿象屬漸進變態類，1 年一個世代，生活史包括卵、若蟲及成蟲 3 個時期，一般於 4 月初卵會孵化；若蟲期分布於 4~10 月間，以成蟲越冬，越冬成蟲出現於次年 1~8 月，當代成蟲則為 6~12 月。

卵期與溫度有關，18℃時需 20~25 天、22℃時需 7~12 天。若蟲一般有 5 個齡期，若蟲期 60~80 天，成蟲壽命長達 200~300 天。每隻雌蟲一生平均交尾達 10 次以上，交尾後 1~2 天即產卵於葉背，每次產卵 14 顆，一生產卵 5~10 次。

荔枝蝽象多數出現於無患子科的龍眼樹、荔枝、臺灣欒樹等多種植物寄主。

一、卵

近圓球形，徑長 2.5~2.7 mm，初產時淡綠色，少數淡黃色；近孵化時紫紅色，常 14 顆相聚成塊，卵期約 10 天。

二、若蟲

生長階段共分為 5 齡。長橢圓形，體色自紅至深藍色，腹部中央及外緣深藍色，臭腺開口於腹部背面（圖 4-2）；2~5 齡體呈長方形。若蟲無翅，5 個齡期約 60~80 天。

三、第 2 齡

體長約 8 mm，橙紅色；頭部、觸角及前胸戶角、腹部背面外緣為深藍色，腹部背面有深藍紋兩條，自末節中央分別向外斜向前方。後胸背板外緣伸長達體側。

四、第 3 齡

體長 10~12 mm，色澤略同第 2 齡，後胸外緣為中胸及腹部第一節外緣所包圍。

五、第 4 齡

體長 14~16 mm，色澤同前，中胸背板兩側翅芽明顯，其長度伸達後胸後緣。

六、第 5 齡

體長 18~20 mm，色澤略淺，中胸背面兩側翅芽伸達第三腹節中間。第一腹節甚退化。將羽化時，全體被白色蠟粉。

七、成蟲

體長 21~28 mm（雄蟲體長 21~23 mm、雌蟲體長約 25~28 mm），盾形、黃褐色，胸部及腹面具有一層白色厚厚的粉蠟，觸角 4 節，黑褐色。前胸向前下方傾斜；臭腺開口於後胸側板近前方處。腹部背面紅色，雌蟲腹部第七節腹面中央有一縱縫而分成兩片，依此可以鑑別雌、雄。成蟲期長達 200~300 天。

圖 4-2 荔枝椿象若蟲體型為長方形，呈橙紅色至淡橙色，體色豔麗

4-3 荔枝蝽象的習性

荔枝蝽象以性未成熟的成蟲越冬。越冬期成蟲有群集性，多在寄主的避風、向陽和較稠密的樹冠葉叢中越冬，也在果園附近房屋的屋頂瓦片內。翌年 3 月上旬氣溫達 16℃左右時，越冬成蟲開始活動為害，在荔枝、龍眼枝梢或花穗上取食，待性成熟後開始交尾產卵，卵多產於葉背，此外還有少數卵產在枝梢、樹幹及樹體以外的其他場所。成蟲產卵期自 3 月中旬～10 月上旬，以 4、5 月為產卵盛期。

一、食性

以植物為食，以刺吸式口器吸食寄主植物（尤其是無患子科的荔枝、龍眼）的汁液，造成花穗萎凋、果皮焦黑、落花落果或生長不佳，嚴重甚至造成果樹枯死。

二、蟲害

原產於中國東南各省的荔枝蝽象，於 1999 年時首度在金門被發現，之後便蔓延至南部的高雄等地；而荔枝、龍眼於臺中的主要產區（太平、大里、霧峰），則是在 2021 年首度發現牠的蹤跡，但因資訊不足，許多果農在採收時被其尾部噴出的「臭液」噴濺到，包括頸部、胸部和手臂皆出現了腐蝕性傷口，甚至因未妥善治療演變成蜂窩性組織炎，讓農民聞之色變。

三、毒性

荔枝蝽象受到威脅時，會從尾端噴出具有腐蝕性的毒液，若皮膚不慎被噴濺到便會造成灼傷，延誤就醫可能會留下疤痕，故碰到荔枝椿象時切勿徒手抓取，若不慎被毒液噴到應盡快以大量清水沖洗，並迅速就醫，以免留下疤痕。

當荔枝椿象受驚擾或侵略時，牠們會從腹部腺體或後胸腺體處產生大量具有強烈刺激性氣味的化學物質，這些腐蝕性臭液具有：(1)防禦捕食者的自衛作用；(2)警告費洛蒙或費洛蒙的作用，其射程可達 1 m 以上。荔枝椿象分泌之臭液除了氣味不佳外，接觸到皮膚亦可能造成紅腫、灼傷的過敏反應；接觸到眼睛可能會導致短暫失明，故納入醫學昆蟲領域，可稱之為衛生害蟲。

4-4 荔枝椿象的防治

荔枝椿象噴出的臭液對人體皮膚的危害和酸性化學物質類似，嚴重時可能出現潰爛的狀況（圖 4-3），若不小心被噴濺到，應立刻使用大量清水沖洗，以降低其腐蝕性，並盡快就醫讓醫師評估治療方式；果農作業時最好隨身攜帶清水，以備不時之需。荔枝椿象成蟲受到驚嚇時會噴出「臭液」防禦，建議民眾發現時可通報相關單位防治，勿刻意搖晃樹枝驚擾；牠的卵沒有毒性，故發現時可將卵撥除並弄破，避免孵化產生危害。

圖 4-3　民眾被荔枝椿象的臭液噴到，皮膚紅腫

荔枝椿象係屬半翅目的昆蟲，市售的防蚊液（如敵避等）沒有趨蟲效果，現有化學防治和生物防治兩種方式。其中，化學的農藥防治在若蟲階段效果較佳，故建議在果樹開花前先噴灑陶斯松、賽洛寧等低毒性的農藥，等到開花期後數量沒減少，再視情況噴藥，並建議農民可在果樹基部塗抹黏膠物質，避免掉落地面的若蟲爬回樹上繼續危害。目前可行的防治方法如下所述。

一、整理農園

維持農園區清潔，減少蟲源孳生或藏匿空間。

二、物理防治

利用捕蟲網將成蟲移除及摘除卵塊，並置入塑膠袋密封丟棄。

三、生物防治

(一) 寄生性天敵

如平腹釉小蜂(Anastatus Sp.)（圖 4-4）、荔蝽卵跳小蜂*(Ooencyrtuscorbetti* Ferr.)、馬來黃腹卵小蜂(*O. malayensis* Ferr.)和黃足小蜂(*O. crionotoe* Feff.)。在臺灣，每年 4 月為荔枝椿象產卵高峰期，在產卵初期開始放蜂，以後每隔 10 天放一次，共放 3 次，一般每次每株放 500 頭雌蜂，當荔枝椿象密度大時，選用敵百蟲液噴射，壓低蟲口密度後，再行放蜂；此時利用卵寄生蜂做生物防治效果最大。

(二) 捕食性天敵

如蜘蛛、螞蟻、鳥類等。

圖 4-4 平腹釉小蜂

（三）病原菌

如荔蝽菌、白殭菌等。

（四）人工捕殺

捕殺越冬成蟲、採摘卵塊及撲滅若蟲。

1. 消滅成蟲：選擇冬季 16℃以下低溫時期，因越冬成蟲不甚活動，可用帶鉤的竹竿猛搖樹枝，使成蟲墜地，集中毀除。但成蟲不單在樹上越冬，故此法只能是輔助措施。
2. 採摘卵塊：於 4~5 月荔枝蝽象產卵盛期採摘卵塊，集中放入簡易的寄生蜂保護器中，保護天敵。
3. 撲滅若蟲：用煤油燻落若蟲，集中捕殺。

（五）藥劑防治

於每年 3 月間，越冬成蟲在新樹梢上活動交尾時噴藥一次，至 4、5 月低齡若蟲發生盛期再噴 1~2 次，噴射敵百蟲 800~1,000 倍稀釋液效果甚好，或用 20%殺滅菊酯 2,000~8,000 倍稀釋液。一般用量，每株噴藥劑量約 7.5~10 kg，大面積連片荔枝、龍眼地區，可用飛機施藥（敵百蟲 20 倍稀釋液，每公頃 30~37.5 kg）。臺灣欒樹核准藥劑包括陶斯松、丁基加保扶、賽洛寧、亞滅培、益達胺、賽速安、可尼丁、氟尼胺及免扶克等 9 種，需避免於開花期使用，以降低蜜蜂中毒情形，並增加果樹受粉率。實務操作須依據荔枝或龍眼生長期及荔枝蝽象生長階段等因素，搭配選擇經濟及適當的方法，進行有害生物綜合防治(Integrated Pest Management; IPM)。

課後複習

( ) 1. 臺灣於民國幾年首度在金門記錄到荔枝蝽象的入侵？(A) 84年 (B) 86年 (C) 88年 (D) 90年

( ) 2. 在臺灣，荔枝蝽象的產卵高峰期約在每年的幾月？(A) 4~5月 (B) 6~7月 (C) 8~9月 (D) 10~12月

( ) 3. 荔枝蝽象成蟲體長約多大？(A) 10~15 mm (B) 16~20 mm (C) 21~28 mm (D) 30~34 mm

( ) 4. 荔枝蝽象是下列何種植物的寄主？(A)臺灣欒樹 (B)龍眼樹 (C)荔枝樹 (D)以上皆是

( ) 5. 荔枝蝽象的口器屬於何種形式？(A)刺吸式 (B)咀嚼式 (C)舐吮式 (D)叮刺式

( ) 6. 市售的防蚊液對荔枝蝽象沒有趨蟲效果，是因其屬於哪種目的昆蟲？(A)膜翅目 (B)直翅目 (C)半翅目 (D)鞘翅目

( ) 7. 下列何種可被應用於荔枝蝽象的生物防治？(A)卵寄生蜂 (B)鳥類 (C)螞蟻 (D)以上皆是

( ) 8. 當荔枝蝽象受驚擾或侵略時，牠們會從腹部腺體或後胸腺體處產生大量具有強烈刺激性氣味的化學物質，其射程可達多遠？(A) 30~50 cm (B) 100~150 cm (C) 2 m (D) 2.5~3.0 m

解答 | BACDA CDB

MEMO

CHAPTER 05

紅姬緣蝽象

本章大綱

5-1 姬緣蝽象的特徵
5-2 姬緣蝽象的生態
5-3 姬緣蝽象的習性
5-4 姬緣蝽象的防治

姬緣蝽象(Leptocoris Spp.)屬於半翅目(Hemiptera)，姬緣蝽象科(Rhopalidae)，是一類無味植物臭蟲，別名紅姬緣蝽象、無患子蝽象、倒地鈴紅蝽、臭屁蟲等。姬緣蝽象具有家族性行為，若蟲會群集一起，利用呼吸新陳代謝所散發的微弱熱能來相互取暖。在臺灣，即使在冬季仍有機會看到姬緣蝽象。

5-1 姬緣蝽象的特徵

姬緣蝽科體長 12~16 mm，觸角 4 節、跗節 3 節、口吻 4 節，一般為植食性；成蟲體色紅色至紅褐色，若蟲翅膀整片呈黑色。小盾板周邊有一枚不明顯的黑色 V 字型斑紋，膜質翅及觸角、各腳黑色，雄性個體比雌性個體小。

姬緣蝽象普遍分布於平地至低海拔山區，具刺吸式口器，常見成蟲、若蟲群集於路邊的臺灣欒樹、榕樹、椰子樹等行道樹的樹液、果子或無患子科的倒地鈴。族群龐大，少數會吸食動物腐肉。

目前生活在臺灣地區的姬緣蝽象科成員中，大紅姬緣蝽象與同屬的小紅姬緣蝽象，兩者不但在棲息環境、活動時間及生活史過程很雷同，就連外部形質特徵也非常相似。以下為此二品種的特徵描述。

一、大紅姬緣蝽象(*Leptocoris abdominalis*)

1. 屬於半翅目(Hemiptera)、姬緣蝽科(Rhopalidae)，別名紅姬緣蝽象、無患子蝽象、臭屁蟲，又稱「臺灣欒樹下的小精靈」(圖 5-1)。
2. 具刺吸式口器；取食時會以刺吸式口器將唾液注入食物中吸取養分。

3. 多分布於低海拔、平地地區的草叢和樹叢（樹幹、枝葉叢或木本植物花卉上），成蟲、若蟲會群集於路邊的臺灣欒樹 (*Koelreuteria elegans*)、榕樹、椰子樹等行道樹的樹液及果子，族群龐大，少數會吸食動物腐肉。
4. 寄主主要為無患子科的植物；主要吸食臺灣欒樹、龍眼、椰子等多種高大的樹木。
5. 食性為植食性及雜食性，包括植物各部位與腐果。臺灣欒樹的汁液與蘋果均可為其食物來源。
6. 屬於晝行性昆蟲。
7. 生活史包括卵、若蟲及成蟲三個階段，是不完全變態的昆蟲，壽命約為 54 天。
8. 較成熟的若蟲其黑色翅芽很明顯，成蟲背部翅膀有一個菱形和一個隱約三角形黑色斑塊，成蟲體長約 13~16 mm，複眼為紅色。雄性個體比雌性小。
9. 在臺灣中、南部地區可觀察到族群群聚現象；2~3 月為高峰期，5 月後會漸減少。繁殖季大約在每年 3~4 月開始至 7~8 月結束。

圖 5-1　大紅姬緣蝽象成蟲及若蟲

二、小紅姬緣蝽象(*Leptocoris augur*)

圖 5-2　小紅姬緣蝽象成蟲

1. 屬於半翅目 (Hemiptera)，姬緣蝽科 (Rhopalidae)，別名倒地鈴紅蝽（圖 5-2）。
2. 分布在平地至低海拔山區，南部較常見。全年皆可發現，有群聚性。
3. 寄主植物為無患子科的倒地鈴 (*Cardiospermum halicacabum*)。
4. 具刺吸式口器；食性為植食性及雜食性，吸取倒地鈴種子、莖汁或花蜜，少數個體會吸食同伴屍體。
5. 屬於晝行性昆蟲。
6. 生活史包括卵、若蟲及成蟲三個階段，是不完全變態的昆蟲，壽命約為 37 天。
7. 若蟲在繁殖季節中會出現交配現象。
8. 成蟲體長約 12~16 mm，有兩種類型：
   (1) 長翅型：體色為單純的橘紅色，膜翅為黑色，各腳為黑色，複眼為橘紅色。
   (2) 短翅型：前翅極短，翅末端有一個倒 V 字形的黑色斑紋，各腳為黑色，複眼為橘紅色。
9. 繁殖季大約在每年 4~5 月開始至 10~11 月結束。

5-2 姬緣蝽象的生態

姬緣蝽象與臺灣欒樹之間有著密不可分的互利共生關係，維持著欒樹生態系統的穩定平衡。欒樹的種子為了防止鳥類食用，演化出十分堅硬的外殼將其包覆住，但這層外殼常導致種子落果後無法順利發芽，不過紅姬緣蝽象的刺吸式口器可在這層外殼上穿洞，且雌蟲會在果實內部產卵（鮮紅色），皆可使得欒樹種子更容易發芽、更有機會延續後代。臺灣欒樹上群聚蝽象吸取樹幹汁液，並不會影響木質部與韌皮部輸送養分，同時紅姬緣蝽象也是眾多鳥類營養的食物來源，如此循環不息，形成一棵欒樹的生態系統。

一、生活史

包括卵、若蟲及成蟲三個階段，屬於不完全變態的昆蟲，壽命約為 37~54 天。1 齡若蟲全身紅色，身長 2 mm，若蟲會長出翅芽；成蟲體長 12~16 mm，身體紅色，上翅膜質部分和革質部分內側為黑色。

二、繁殖方式

大紅姬緣蝽象會將卵產在臺灣欒樹的果實內（圖 5-3）；小紅姬緣蝽象可行孤雌生殖。

三、繁殖季

大紅姬緣蝽象大約在每年 3~4 月開始至 7~8 月結束；小紅姬緣蝽象大約在每年 4~5 月開始至 10~11 月結束（大多發生於臺灣南部）。

四、棲息環境

多分布於低海拔、平地地區的草叢和樹叢（樹幹、枝葉叢或木本植物花卉上）。

五、寄主

大紅姬緣椿象主要吸食臺灣欒樹、龍眼、椰子等多種高大的樹木；小紅姬緣椿象僅吸食草本倒地鈴的果莢、種子或莖葉，取食時會以刺吸式口器將唾液注入食物中吸取養分。

圖 5-3　大紅姬緣椿象會將卵產在臺灣欒樹的果實內

5-3 姬緣椿象的習性

姬緣椿科為晝行性昆蟲，紅姬緣椿象的生命週期約 3~4 週。食性為植食性及雜食性，包括植物汁液、蘋果與腐果均可為其食物來源。大紅姬緣椿象主要吸食臺灣欒樹、龍眼、椰子等多種高大的樹木；小紅姬緣椿象僅吸食草本倒地鈴的果莢、種子或莖葉，取食時會以刺吸式口器將唾液注入食物中吸取養分。小紅姬緣椿象主要寄生在無患子科的倒地鈴，取食果子或莖汁，少數個體會吸食同伴的屍體，具群聚性，棲地常見若蟲與成蟲混居，而附近的植物如山煙草、蔓澤蘭等也有棲息。

紅姬緣椿象是以成蟲形態來度過寒冷的冬天，成蟲和若蟲常群聚在一起，利用呼吸新陳代謝所散發的微弱熱能，達到相互取暖的作用。

臺灣欒樹在冬天時，果實漸漸落下，大紅姬緣蝽象也跟著往地面生活，躲在落葉底下，亦躲在背風面或樹洞中，偶爾會出來曬太陽取暖。

大紅姬緣蝽象不叮咬人類、不傳播病菌，也不會使共生植物產生疾病；大紅姬緣蝽象和臺灣欒樹純屬共生關係，是食物鏈中不可或缺的環節，若是人為干擾則可能引起整個生態的不平衡，造成掠食者食物短缺，因此，人類對其大量出現聚集的現象無需過度擔憂。

5-4 姬緣蝽象的防治

紅姬緣蝽象外表驚人，常被誤會為有毒蟲類，但實際上無攻擊性且無毒，近年來，臺灣的氣候因暖冬影響，紅姬緣蝽象大量繁殖，群聚可減少被攻擊的機會，而一大片紅色對天敵則具有威嚇作用，故密密麻麻堆疊在一起，為紅姬緣蝽象禦敵的方法，不過其生命週期約 3~4 週，大量聚集現象很快就會結束，且屬生態系的一環，為避免破壞生態，可能造成食物鏈失衡及汙染環境，並不需要噴藥撲殺。防治方法如下：

1. 天敵：赤腰燕、小雨燕、家燕、白頭翁、伯勞鳥、綠繡眼、麻雀等都是紅姬緣蝽象的天敵。
2. 驅趕方式：肥皂水（100~300 倍稀釋）、苦楝油（600 倍稀釋）噴灑於蟲體腹部，皆能有效驅趕。
3. 物理防治：於樹幹處塗抹黏膠，使紅姬緣蝽象無法爬回樹上。

課後複習

( ) 1. 下列何者是大紅姬緣蝽象(*Leptocoris abdominalis*)的主要寄主植物？(A)倒地鈴 (B)臺灣欒樹 (C)荔枝樹 (D)以上皆是

( ) 2. 下列何者是小紅姬緣蝽象(*Leptocoris augur*)的主要寄主植物？(A)倒地鈴 (B)臺灣欒樹 (C)荔枝樹 (D)以上皆是

( ) 3. 小紅姬緣蝽象其口器為何種型式？(A)咀嚼式 (B)刺吸式 (C)刀刺式 (D)舐吮式

( ) 4. 下列何者又稱為「臺灣欒樹下的小精靈」？(A)大紅姬緣蝽象 (B)小紅姬緣蝽象 (C)臺灣小灰蝶 (D)彩虹馬陸

( ) 5. 在臺灣，大紅姬緣蝽象的族群高峰期約出現於何時？(A) 2~3月 (B) 5~6月 (C) 7~9月 (D)全年皆發生

( ) 6. 雌紅姬緣蝽象所產的卵呈何種顏色？(A)白色半透明 (B)綠色 (C)黃褐色 (D)鮮紅色

( ) 7. 大紅姬緣蝽象主要吸食下列何種植物的汁液維生？(A)臺灣欒樹 (B)龍眼樹 (C)椰子 (D)以上皆是

( ) 8. 在臺灣，大紅姬緣蝽象(*Leptocoris abdominalis*)的繁殖季大約在每年的何時？(A) 1~2月 (B) 3~8月 (C) 9~11月 (D)全年皆發生

( ) 9. 大紅姬緣蝽象會將卵產在何種植物的果實內？(A)臺灣欒樹 (B)龍眼樹 (C)椰子 (D)倒地鈴

( ) 10. 大紅姬緣蝽象生存和臺灣欒樹屬何種關係？(A)寄生關係 (B)片利共生 (C)互利共生 (D)棲息關係

解答 | BABAA DDBAC

CHAPTER 06

蠹魚

本章大綱

衣魚屬衣魚目(Zygentoma)，舊稱為「總尾目」或「纓尾目」，衣魚科(Lepismatidae)，衣魚屬(Lepisma)，在地球上已出現約三億年，是一種很古老的昆蟲；靈巧、怕光、而且無翅。衣魚俗稱蠹、蠹魚、白魚、壁魚、書蟲或衣蟲，身體呈銀灰色，因此也有白魚的稱號，嗜食糖類及澱粉等碳水化合物，家中衣物、書本都可能受衣魚啃食，如擺放多時的紙張，若邊緣出現了不規則的缺口、孔洞，即有可能是衣魚所造成。此外，衣魚啃食處周圍常留下黑色、細小如沙粒般的糞便。因其取食偏好，衣魚也會破壞博物館、圖書館中的文物或文件資料，讓民眾不得不提防牠們，以免毀損重要的古籍檔案。在臺灣，圖書館裡常見的種類有臺灣衣魚(*Lepisma saccharina*)、斑衣魚(*Thermobia domestica*)、絨毛衣魚(*Ctenolepisma villosa*)等。

6-1 衣魚的特徵

衣魚體長約 8.0~13 mm，觸角呈長絲狀，只有三節體節有足；脫皮三次後，銀灰色的鱗片便會長成，使其身體帶有一種金屬般的光澤。頭部有細長 30 節以上的絲狀觸角，多數有明顯的小型複眼一對。腹部有三對能疾走、跳躍的腳，行動敏捷，尾部有三根長毛，故被稱為「總尾目」或「纓尾目」。在臺灣，室內較常見的衣魚(Silverfish)有下列三個品種。

一、臺灣衣魚(*Lepisma saccharina*)

屬夜行性昆蟲，又稱普通衣魚，英文名稱 Silverfish，體長約 9~11 mm，種名 *saccharina*，表示此種衣魚的飲食由醣類或澱粉等碳水化合物組成。臺灣衣魚也稱家衣魚，體型細長、無翅，身體布滿鱗片，口器為咀嚼式。剛孵出的幼蟲為白色，隨著蟲齡增長，體軀會呈現灰色調和金屬光澤。喜群居於濕冷的地方，是家居室內較常見的衣魚（圖 6-1）。

圖 6-1　家居室內較常見的臺灣衣魚

二、斑衣魚(*Thermobia domestica*)

英文名稱 Firebrat，體長約 8.5~13 mm，無變態發育，一生蛻皮多達 60 次。斑衣魚（圖 6-2）為現存昆蟲中最原始的族群，一般棲息在溫暖潮濕的地方，這一點與衣魚不同，如土隙、石縫、樹皮、落葉層等環境，甚至是水中，最長可以存活 2~6 年之久。其以澱粉、紙類、漿糊、膠質、衣物等任何東西為食，曾發現圖書館內的衣魚只要有紙類，不需水分也可以存活，雖往往被人們視作害蟲，但威脅很小。野外個體較少見，以腐植質為食，有些寄居在蟻巢或白蟻巢穴中。

斑衣魚和衣魚有許多相似的地方，但斑衣魚有黑色斑點和絨毛，喜溫暖濕潤的環境。常出沒於民眾聚集地及居家的各種地方，如冰箱底部、開暖氣的浴室、地磚的裂縫裡都可能會有衣魚的蹤影。斑衣魚喜歡咬破書籍、纖維及紡織品，亦常群聚於麵粉工廠、麵包店等溫暖的環境，牠們非常喜歡進食麵粉和麵包，偶爾也會啃食動物製品。

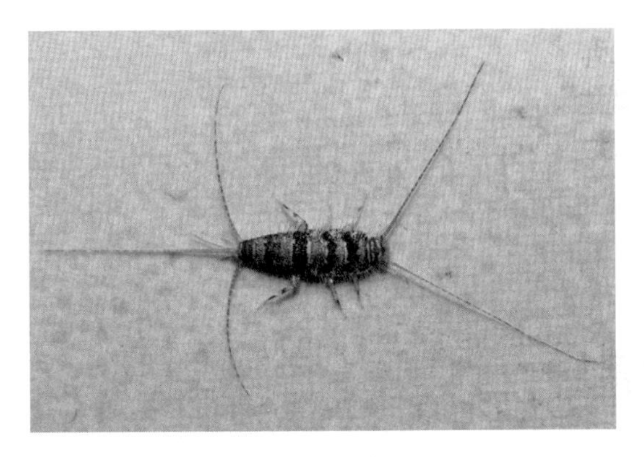

圖 6-2　斑衣魚

三、絨毛衣魚(*Ctenolepisma villosa*)

體長約 8~9 mm（圖 6-3），具暗灰色或銀色鱗片及絨毛。主要為害書籍、衣服、小麥、麵包等，耐饑力強，可絕食一年以上。卵期約 43 天，室溫下 2~3 週可脫皮一次，約 3~4 個月可變成蟲；成蟲後的絨毛衣魚，仍能繼續脫皮，壽命甚長，約可活 2~3 年。對人類居住的依賴性較小，在居家室內和室外偶有發現，大多分布在環境溫暖的地區。

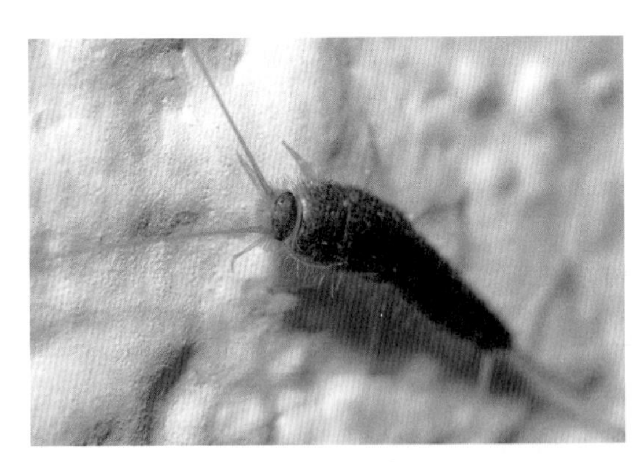

圖 6-3　絨毛衣魚

6-2 衣魚的生態

衣魚屬於無變態(Ametabola)昆蟲，生活史包括卵、幼蟲（仔蟲）與成蟲 3 階段，幼蟲到成蟲的成長過程中除了大小有別之外，外型、生態和習性皆無變化(Ametabolous Metamorphosis)。

一、生長發育

衣魚可自空氣中吸收濕氣，從幼蟲到成蟲約需 4~6 個月；若溫度變化頻繁或溫度過低，幼蟲發育為成蟲則需 1~3 年。衣魚的發育為無變態，幼蟲到成蟲要蛻皮 8 次，成蟲期仍脫皮，多達 19~58 次，壽命約 2~8 年。第 1 齡幼蟲體長約 1 mm，乳白色，不活躍，脫皮後體長會增加，成長到第 3 齡期時身上才有鱗片產生，第四次脫皮後才出現腳基突起。成蟲體長約 8~15 mm，觸角呈絲狀，口器原始，尾部具三條長毛，足末端有爪，有助於在粗糙面攀爬。

二、繁殖

衣魚的繁殖能力強，交配在夜間進行。雄衣魚會為了爭奪配偶爾打鬥，且會有追求的行為，如跟在雌蟲身邊到處竄動。雄蟲會產下一個用薄紗包住的精囊，由於生理狀態成熟，雌蟲會找到該精囊，拾取作受精用。斑衣魚雄蟲會為了贏得配偶爾互相爭鬥，雄蟲會作尋求的動作；雌蟲接近時，雄蟲會產生許多絲牽黏在壁、斑衣魚與天花板之間，目的是限制雌蟲與其他雄性的觸碰，使雌蟲越來越接近雄蟲所產的精囊(Spermatophore)，促使雌蟲撿起精囊，將裡面含有的精子傳送到卵巢，在體內完成受精。成蟲交尾後即可產卵，卵散產於板縫隙、圖書、檔案櫃、書架的紙縫中。

三、壽命

依不同生活環境而定；衣魚從幼蟲變成蟲需要至少 4 個月的時間，有時候發育期長達 3 年。在室溫環境下，大概一年就發育為成蟲，壽命約為 2~8 年。

四、傳播與遷徙

衣魚可隨器物搬遷而傳播，當搬運書櫃、書架、書箱時，成蟲、幼蟲和卵亦隨之傳播到異地；衣魚也隨圖書的借閱而擴散，如書中的毛衣魚隨圖書到教室、宿舍和家庭，成為環境中的儲藏害蟲。其次，衣魚在某孳生環境中，若環境適宜其生長，蟲口密度會迅速增加，但也會因蟲口密度過高，相互爭奪生存空間而相殘，使得部分毛衣魚向周圍環境擴散。此外，衣魚也會因氣候或生活環境不利其孳生而主動遷徙。

6-3 衣魚的習性

衣魚一般每年只生產 1 代，在適溫條件下，每代只需 3 個月。成蟲交尾後即可產卵，卵散產於板縫、圖書、檔案的紙縫中（圖 6-4）。每一雌產卵約 6~10 粒。卵經 35~40 天孵化，孵化後的若蟲即可取食。具負趨光性，常躲藏在黑暗處，晝伏夜出，喜黑暗潮濕，白天多隱於寄主的縫隙中，晚上出來活動，活潑敏捷。

在溫暖的房間終年可見，溫度低於 4℃時不活動。成蟲耐饑力強，在沒有食物的條件下可存活 300~319 天，危害狀為層狀取食。生長發育適和溫度為 22~28℃，潮濕度為 75~95%RH。衣魚的孳生處為書櫃、書架、書捆、地板縫、舊書堆間隙及舊書中。衣魚對溫、濕度反應敏感，當溫度和濕度不適宜孳生時，其會向溫暖、濕度適宜的環境中遷移，喜好於潮濕的環境下生殖，在低溫或乾燥的環境下衣魚會停止交配。家居的各種地方，如冰箱底部、開暖氣的浴室、地磚的裂縫裡都可能發現衣魚的蹤影。

衣魚愛好的食物為澱粉質或多糖的物品，如膠水（葡聚糖）、漿糊、書籍、照片、糖、毛髮、泥土等，對棉花、亞麻布、絲、人造纖維、昆蟲屍體、皮革製品、人造纖維布匹和自己脫的皮也照吃，而含糖豐富的食物更具有誘惑力。衣魚主要危害書籍、衣服、小麥、麵包等，耐饑力強，可絕食一年以上。

圖 6-4　衣魚成蟲交尾後即可產卵，卵散產於板縫、圖書、檔案的紙縫中

6-4 衣魚的防治

衣魚的天敵包括地蜈蚣、蜘蛛（白額高腳蜘蛛；旯犽）、蠅虎、蠼螋等，捕食衣魚最有名的天敵是蠼螋。衣魚為防止蠼螋、蜘蛛、蠅虎等天敵的捕食，停息時會不停地擺動著尾梢，誘使天敵將注意力集中到尾梢上，當尾巴被天敵抓住，分節的尾毛即斷掉，主身體便可乘機逃脫。

一、物理防治方法

溫度及濕度調控，如圖書館、館藏文物、庫房內的溫度調控在 20℃，濕度調控在 70%RH 以下，可造成衣魚的不適環境及減少衣魚發育。

二、化學防治方法

1. 混合比例為 1:1 的硼砂和砂糖，能有效殺除衣魚。
2. 氯化銨水的氣味應該能於 24 小時內驅趕衣魚。
3. 使用忌避劑，如樟腦丸、萘丸、香薰精油、辣椒粉或蒜頭可以讓衣魚不敢靠近。
4. 施用粉狀殺蟲劑，如硼酸、安丹、除蟲菊類（亞列寧等）之環境衛生用藥於衣魚常出沒的地方。

課後複習

( ) 1. 衣魚的發育從幼蟲到成蟲的成長過程中，形態上的變化屬於何種型式？(A)完全變態 (B)無變態 (C)漸進式變態 (D)不完全變態

( ) 2. 下列哪一個品種是家居室內較常見的衣魚？(A)臺灣衣魚 (B)斑衣魚 (C)絨毛衣魚 (D)以上皆是

( ) 3. 下列何者是衣魚的天敵？(A)蠼螋 (B)蠅虎 (C)蚎犽 (D)以上皆是

( ) 4. 衣魚在室溫環境下，大概一年就可發育為成蟲，其壽命約多長？(A) 3~6個月 (B) 1年 (C) 2~8年 (D) 10~12年

( ) 5. 下列何者對衣魚具有驅趕、忌避效果？(A)氯化銨水(Ammonium Chloride Water) (B)硼酸(Boric Acid) (C)除蟲菊精(Pyrethrin) (D)以上皆是

( ) 6. 衣魚在沒有食物的情況下，其耐饑力可長達多久？(A) 2個月 (B) 3~6個月 (C) 6~8個月 (D) 300天。

解答 | BADCA D

MEMO

CHAPTER 07

衣蛾

本章大綱

衣蛾被認為是會取食衣料的小型蛾類，牠們屬於鱗翅目(Lepidoptera)蕈蛾科(Tineidae)當中幾個不同的屬，包括 Tinea、Tineola、Monopis、Phereoeca 等。臺灣居家環境最常見的衣蛾為 *Phereoeca uterella*，由於牠們攜巢生活的習性，英文稱作“Household Casebearer”，意為「家中負巢者」。另一種廣泛分布於全世界的衣蛾，名為 *Tinea pellionella*，牠們同樣會造可攜式的巢，英文名“Casemaking Clothes Moths”，意指會造巢的衣蛾。有些衣蛾並不會造這樣的巢，例如同樣廣泛分布於全世界的 *Tineola bisselliella*，會將吐出的絲滾捲一番，造出可以棲息的網道，故其英文名稱“Webbing Clothes Moths”就是指會織衣的衣蛾；分布極廣，常出現於潮濕的牆壁及衣物上。

7-1 衣蛾的特徵

衣蛾幼蟲為小型的白色毛毛蟲，藏在稱為筒巢(Sand Cocoon)的絲質袋狀物或網狀物內，可於牆壁上見到黏著水泥的紡錘形絲袋，內有一深褐色頭的幼蟲。成蟲呈淺黃色，帶光。在臺灣，居家環境中常見的衣蛾種類有以下二種。

一、袋衣蛾(*Phereoeca uterella*)

學名壺巢蕈蛾，俗稱衣蛾，是臺灣居家環境中常見的衣蛾。幼蟲圓柱形具環節，頭部為扁球狀，體色乳白或灰白色；頭、胸前節褐色或具褐斑。幼蟲生活於居家牆壁或衣櫃，吐絲結巢形狀像橢圓形的扁袋子，幼蟲的巢殼顏色會隨著附近環境取材有所不同，筒巢長 7~10 mm（圖 7-1），之後在筒巢內生活約 50 天左右，繼續在筒巢內化蛹，蛹期約 15~20 天後羽化為成蟲。

成蟲展翅 11 mm，頭部灰黃色具鱗毛，觸角細長，複眼黑色，體色灰黃色，前翅有 3 列黑色斑紋，第 2 列黑斑斜向，2 枚相連或分離，後翅透明細長，翅端簑衣狀，雌雄外觀近似，雄蟲體型較小。本屬 1 種，幼蟲以布料、毛料等纖維為食，成蟲後就不再進食。成蟲夜行性，在室內燈光下可見到牠們飛行，成蟲翅膀鱗片細小，飛行時常因撞擊脫落。

(a)

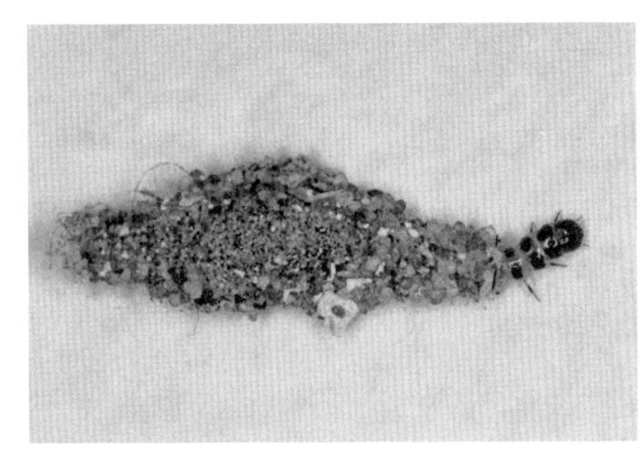

(b)

圖 7-1　(a)壺巢蕈蛾成蟲；(b)筒巢中的幼蟲

二、衣蛾(*Tineola bisselliella*)

俗稱瓜子蟲，又稱普通衣蛾、織帶衣蛾或簡稱衣蛾，是真菌蛾的一種。衣蛾幼蟲藏在絲質的袋狀物（稱為筒巢，Sand Cocoon）內，筒巢長約 10~13 mm（圖 7-2）。在牆壁上可見到黏著水泥的紡錘形絲袋，內有一深褐色頭的幼蟲；為淺黃色的蟲，懼光，如將其捏死會發出難聞氣味。衣蛾成蟲身體帶有光亮的金色鱗片，頭呈金紅色，觸角顏色較身體其餘部分偏暗。雌成蛾比雄蛾略大一些，成年的雌蛾可存活 3~4 週，交配期間會在衣料表面產卵 35~50 顆。

(a)

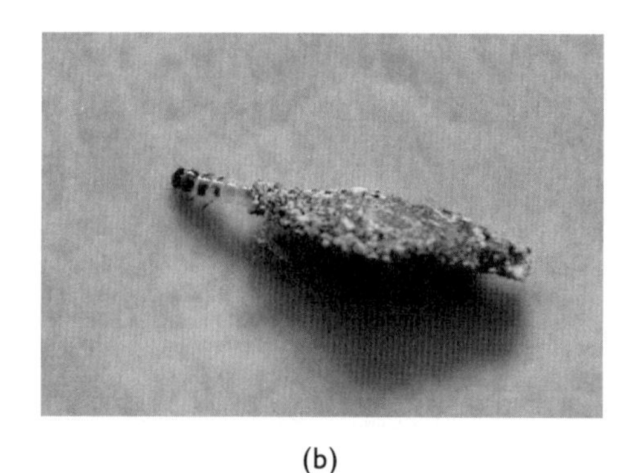

(b)

圖 7-2　(a)衣蛾成蟲；(b)筒巢中的幼蟲

7-2 衣蛾的生態

衣蛾的生活史分為卵、幼蟲、蛹及成蟲四個時期。成蟲將卵產在皮毛、羽毛、皮品、毛或汙穢的絲綢上。幼蟲會吐絲作繭，兩端開口供取食及行動。幼蟲在繭中成長，隨著蟲體逐漸長大，衣蛾的筒巢也會從中心處慢慢往外「擴建」成適合的大小，幼蟲在巢穴中可以自由轉身，筒巢中的溫度和濕度較為固定，筒巢具兩端開口；蟲體可伸出來活動或攝食。化蛹時，則會吐絲將筒巢懸掛在牆上或天花板上；化蛹時仍在繭中，直到成蟲羽化為止。

一、卵

呈白色，柔軟圓形，5 天之內孵化成幼蟲。

二、幼蟲

呈白色奶油狀，有光澤，完全成熟的幼蟲長度約 10~12 mm。幼蟲是小型白色的毛毛蟲，藏在絲質的袋狀物或網狀物（筒巢）內，在牆壁上可見到黏著水泥的紡錘型絲袋，內有一深褐色頭的幼蟲。幼蟲期共

35~40 天，會吐絲作繭，存儲羊毛、軟體家具、毛皮、地毯、毛毯、魚粉、化纖羊毛、棉混紡織物均可供幼蟲取食。幼蟲在繭中成長，化蛹時仍在繭中，蛹期約 6~8 天；直到成蟲羽化為止，成蟲期約 13~15 天。

三、成蟲

頭部有兩根鞭狀觸角，眼部呈黑色；腹部、胸部為澄黃色，翅膀呈不透明且有斑點，後面具有緣毛。成蟲為淺黃色的蟲，懼光，如將其捻死會發出難聞氣味。成年衣蛾的身體帶有光亮的金色鱗片，頭呈金紅色，觸角顏色較身體其餘部分偏暗。

成蟲並不取食，雌蛾比雄蛾略大一些。衣蛾體質很弱，飛得不遠，限制了其活動範圍。特別喜愛紡織品沾有食物或其他汙染，衣領或衣服摺疊處也可見到衣蛾的蹤跡。

衣蛾的壽命會隨著種類、環境溫／濕度、食物來源的充足度而不同，成年的雌蛾可存活 3~4 週，交配後成蟲會將卵產在皮毛、羽毛、皮品、毛或汙穢的絲綢上，大約產 35~50 顆卵，以臺灣居家環境最常見的袋衣蛾(*Phereoeca uterella*)為例，雌蟲 1 次能產下 50~200 顆卵，約 10 天後孵化為幼蟲，經過約 50 天後化蛹，蛹期約 15~20 天，而後羽化為成蟲，成蟲壽命約半個月。

7-3 衣蛾的習性

牆壁、天花板、樓梯等處較陰暗潮濕的角落，常可見到衣蛾的筒巢靜靜固定在牆面，無特定出現時間，而衣蛾筒巢常出現在蜘蛛網附近；大樓地下室、儲藏間，衣蛾數量會比居家還多。

衣蛾不會叮咬人類，其幼蟲會吐絲作繭，存儲羊毛、毛髮、軟體家具、毛皮、地毯、毛毯、化纖羊毛、棉混紡織物均可供幼蟲取食。幼蟲行動緩慢，多存在於衣物儲藏室、軟墊家具縫裡，會破壞紡織品（圖 7-3）；於圖書館或博物館則是會危害動物標本。成蟲將卵產在皮毛、羽毛、皮品、毛或汙穢的絲綢上，特別喜愛紡織品沾有食物或其他汙染，衣領或衣服摺疊處也可見到衣蛾的蹤跡，純棉的衣物較不易受害。除了居家環境的毛料碎屑之外，衣蛾幼蟲也會取食動物風乾的屍體，具有法醫昆蟲學上的研究價值。

(a) (b)

圖 7-3　衣蛾幼蟲行動緩慢，多存在於衣物儲藏室、軟墊家具縫裡，會破壞紡織品

7-4 衣蛾的防治

一、預防概念

1. 衣蛾喜歡潮濕、陰暗和無風的環境，因此，定期維持家中乾燥通風，並且定期打掃整頓環境、減少食物來源，可以有效減少衣蛾數量。
2. 鑑定衣蛾存在與否的方法，可檢查舊衣箱的盒子、毛皮、羽毛枕頭、鋼琴墊子、老式填塞紡織品的家具、地毯等是否有孔洞，或在牆壁是否有繭（筒巢）。

3. 圖書館、博物館等館藏品收藏時應先檢查，而後定期檢查及行熏蒸處理；館內應具環境控制的設施，並保持低溫、低濕及清潔。

4. 衣蛾發生後再處理恐難清除完全，故換季時衣物務必清洗、烘乾後，再放入乾淨的衣櫥，可減少害蟲發生。

二、防治方法

1. 可以人工合成雌蛾性信息素(Female Sex Pheromone)配合黏蛾紙將雄蛾捕獲，達到及時發現衣蛾危害的目的，同時也能夠減少雌蛾的受精機率，以減少總體密度。

2. 當衣櫃出空時，以陶斯松(0.5% Chlopyrifos)或大利松(0.5% Diazinon)等噴灑衣櫃。

3. 衣物可在陽光下曝曬或紫外線消毒。

4. 經處理的衣物放回衣櫃後要關緊，並放置樟腦丸或萘丸等。

5. 勿把沾到汙泥、汗味的衣服直接放入衣櫥，易吸引衣蛾。

課後複習

( ) 1. 居家環境中常見一種小型白色的蟲，藏在絲質的袋狀物或網狀物（稱為筒巢）內，懸吊在牆壁上，是何種昆蟲？(A)衣魚 (B)書蝨 (C)衣蛾 (D)蛾蚋

( ) 2. 下列何種昆蟲常被稱為「家中負巢者」？(A)蜘蛛 (B)衣蛾 (C)蛾蚋 (D)絨毛衣魚

( ) 3. 下列何種昆蟲是居家中書籍、衣服、毛料、皮製品等的害蟲？(A)書蝨 (B)衣蛾 (C)衣魚 (D)以上皆是

( ) 4. 下列何者為臺灣居家環境中最常見的衣蛾種類？(A)袋衣蛾 (B)黃衣蛾 (C)瓜子蟲衣蛾 (D)以上皆是

( ) 5. 袋衣蛾(*Phereoeca uterella*)成蟲壽命約多久？(A) 7天 (B) 15天 (C) 25天 (D) 32天

( ) 6. 袋衣蛾幼蟲在筒巢(Sand Cocoon)內的生活約幾天？(A) 15天 (B) 25天 (C) 35天 (D) 50天

( ) 7. 成年的雌衣蛾(*Tineola bisselliella*)交配期間會在衣料表面產卵約幾顆？(A) 10~15顆散生 (B) 20~25顆散生 (C) 35~50顆卵 (D) 50~65顆卵塊

解答 | CBDAB DC

CHAPTER 08

白蟻

本章大綱

白蟻(Termite)屬節足動物門，昆蟲綱，為蜚蠊目等翅下目(Isoptera)昆蟲的總稱，為真社會性、不完全變態類昆蟲；胸腹間寬闊，體質柔軟，觸角呈念珠狀。白蟻的胸部和腹部之間並沒有變細，故從體型上就可看出白蟻和螞蟻是完全不同的種類。

社會型態類似螞蟻，其社會階級為蟻后、蟻王、兵蟻、工蟻；蟻后、蟻王是整個白蟻群體的最高領導者，工作只有一個，就是互相交配後繁殖後代（圖 8-1）。蟻后會不斷產卵（速度可快至 1 秒 1 顆卵），體重比工蟻重幾千倍，長約 2~4 英寸，壽命亦是眾蟻之最，可達數年，蟻王會不斷為卵受精，每群一隻。臺灣處亞熱帶，最適於白蟻繁殖。

全世界的白蟻約有 1,900 種，體長約在 3~25 mm 之間，雖然體型很小，對人類的危害卻很大。

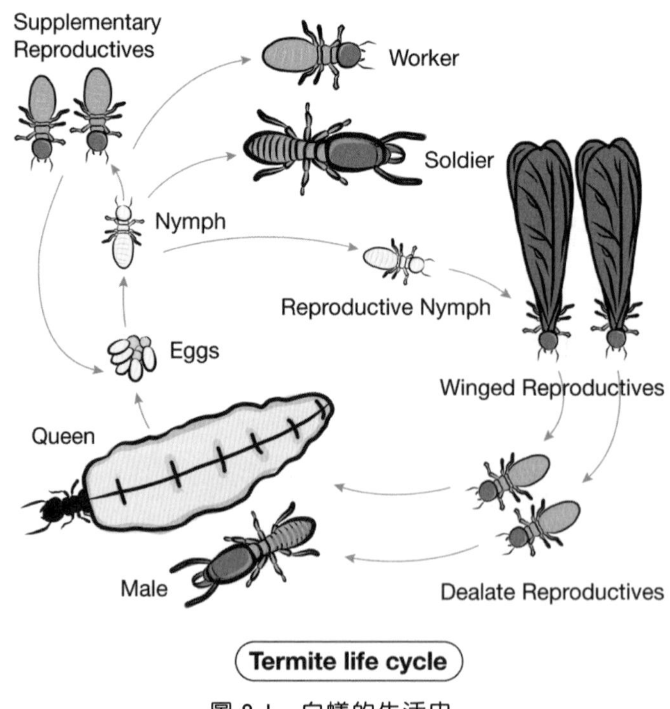

圖 8-1　白蟻的生活史

8-1 白蟻的特徵

白蟻的個體扁且柔軟，顏色由白色、淡黃色、赤褐色至黑褐色，因種而異，最多為白色（因長年居住於陰暗地方），工蟻、兵蟻常為棕／黑色。眼睛早已退化，口器為咀嚼式，觸角是念珠狀。翅膀有長翅、短翅和無翅型，有翅類為兩對狹長膜質翅，兩對翅不論大小、形狀、翅脈序均相似，比身體長；短時間飛行後，會自動於其特有橫縫脫落。胸腹交接位不明顯。

白蟻的蟻塚堪稱一大奇蹟，既堅固又實用，可供數百萬隻白蟻棲息，內裏包括產卵室、育幼室、隧道（通道，取得地下水潤濕巢穴）、通風管（利用空氣對流維持蟻塚常溫），蟻塚的建造與太陽、風向、水源方位形成最佳關係，是空調良好的一流建築，現代大樓空調系統係仿造白蟻塚構造，最頂級的建築師也不能與之相比。非洲與澳洲的高大白蟻塚，常由十幾噸的泥土所砌成，有 5、6 m（最高 9 m），呈圓錐形塔狀，為當地特有景觀，活動範圍 50~100 m。

一、臺灣家白蟻(*Coptotermes formosanus*)

又稱家白蟻或臺灣乳白蟻（圖 8-2），是一種原產於臺灣、日本與中國長江以南地區的白蟻，兵蟻受擾動時會從額部的窗點(Fontanelle)分泌出乳白色黏稠液體，此類乳白色液體可以干擾天敵，因此得名臺灣乳白蟻。婚飛期大約是 4~7 月，通常是在相對濕度比較高的黃昏至夜間開始

圖 8-2　臺灣乳白蟻

婚飛，有翅生殖型具有趨光性，翅膀脫落後成對的個體會找地方築巢並建立新群體，一個群體需要 5 年以上才能達到成熟，並開始產出有翅生殖蟻，成熟的群體個體數可高達百萬。臺灣家白蟻有翅成蟲體長約 8.0 mm、兵蟻體長約 5.5 mm、工蟻體長約 5.2 mm。

二、格斯特家白蟻(*Coptotermes gastroi*)

格斯特家白蟻是由菲律賓入侵臺灣的物種，在臺灣南部的普遍性已經與臺灣家白蟻相當，根據調查，目前分布在臺灣西部嘉義以南的低海拔地區(<500 m)，為主要都市害蟲；格斯特家白蟻與臺灣家白蟻的危害，占全國白蟻防治案件全數案件的 87%以上。格斯特家白蟻有翅成蟲體長約 12.5 mm（圖 8-3）、兵蟻體長約 5.0 mm、工蟻體長約 5.0 mm。

圖 8-3　格斯特家白蟻有翅成蟲

三、臺灣土白蟻(*Odontotermes formosanus*)

是臺灣最常見，也是有翅型個體體型最大的一個種類。屬土棲性白蟻，在土壤中築巢，並在巢腔中修建菌圃來培育共生真菌。臺灣土白蟻是臺灣全島中、低海拔(<1,200 m)最常見的白蟻，其有翅生殖型分飛季節在 4~7 月，高峰在 6 月。

棲息於植被茂盛的樹林、竹林等地帶，喜歡採集枯死的植物、乾枯的斷枝落葉和樟樹、桉樹等樹木的外表皮（屬於死皮部分）來取食和修建菌圃。其群體大，活動能力強，秋季爬山的時候常可見到許多樟樹樹皮被大量的泥土覆蓋，這便是牠們在取食樹皮時所修建的泥土保護層。臺灣土白蟻有翅成蟲體長約 27 mm、兵蟻體長約 4.7 mm、工蟻體長約 3.6 mm（圖 8-4）。

圖 8-4　臺灣土白蟻工蟻

四、黃胸散白蟻(*Reticulitermes flaviceps*)

在臺灣，黃胸散白蟻主要分布於山區，但在北部低海拔地區也常發現，不過南部低海拔地區卻很少見。黃胸散白蟻屬土木兩棲，環境適應能力很強，繁殖快速，只會在木材或土中蛀蝕穿孔成道，蟻道比臺灣家白蟻窄，具群體分散的特質，故稱散白蟻屬。巢型一般不大，主要危害木建房屋或門框、地板、書籍、紙箱等，日積月累所造成的破壞性極大。黃胸散白蟻有翅成蟲體長約 9.5 mm、兵蟻體長約 4.5 mm、工蟻體長約 4.2 mm（圖 8-5）。

(a)

(b)

圖 8-5　黃胸散白蟻之兵蟻和工蟻

五、截頭堆沙白蟻(*Cryptotermes domesticus*)

此類白蟻群體會在木製品或建築物之木結構內取食，形成不定形式的隧道，其咬下的木屑和排出的糞便，一部分會暫時堆放在隧道中，一部分則會透過木材表面的小洞排出，在被害物體周圍形成小堆砂粒狀物質，是為害的重要特徵，故得堆砂白蟻之名。

截頭堆沙白蟻是臺灣常見的 5 種白蟻害蟲中，唯一不需要依賴其他水源而存活在乾燥木材中的白蟻，亦是臺灣常見的 5 種白蟻中，有翅型體型最小、體色最淡的。截頭堆沙白蟻有翅成蟲體長約 8.5 mm、兵蟻體長約 4.6 mm、工蟻體長約 4.5 mm（圖 8-6）。

圖 8-6　截頭堆沙白蟻工蟻

8-2 白蟻的生態

白蟻的生態類別，包括：(1)木棲性白蟻：其蟻群大小不一，會在凡是有木的地方築巢，並取食木質纖維；(2)土棲性白蟻：主要在地底土中築巢或土面建蟻塚，並以樹木、樹葉和菌類等為食；(3)土木兩棲性：常住於乾木、活的樹木或埋在土中的木材，以乾枯的植物、木材為食。

白蟻成蟲又可分成生殖型與非生殖型：

1. 生殖型：飛蟻（又名大水蟻）。
   (1) 大翅型或有翅型：當於春、夏之時，會於雨後天氣悶熱的傍晚群群飛出巢外（飛出後即使不碰翅膀也會很快掉落），具趨光性，少數會互相交配（其餘被鳥、捕食性昆蟲、青蛙等動物吃掉），肩負起繁殖後代的使命；找到合適居住地便建立一個新蟻群，牠倆亦成為蟻王、蟻后。
   (2) 短翅型：又稱補充生殖型，在地棲性種類中較常見，當蟻王／蟻后死後會替代牠們的工作。
   (3) 無翅型（補充生殖蟻）：無翅，只能於極原始的種類中發現。

2. 非生殖型：包括工蟻和兵蟻。
   (1) 工蟻：數量最多，工作也最多、最繁雜，如築巢、掘道、修路、培菌、採食、清掃、開路、餵養同巢夥伴等，甚至於無兵蟻種中擔當禦敵重任。某些低等白蟻類（如巨白蟻），當巢中白蟻數過多時，少部分工蟻會變為有翅型，飛出建造新巢。
   (2) 兵蟻：呈褐色，有性別但不能生殖，數量較工蟻稍少，負責守衛家園。頭部長且高度骨化，上顎發達，但用於對抗外敵、堵塞道路等工作而不能進食，需由工蟻餵食，可在蟻群重要部位找到牠們，如蟻巢、主要蟻道。兵蟻可再細分為兩類，大顎型兵蟻（上顎像一把雙齒的大叉）和象鼻型兵蟻（頭部延伸成象鼻狀，對敵時會噴出膠質分泌物塗抹敵害）。

8-3 白蟻的習性

白蟻性喜潮濕，只有在下雨前的高濕度條件下，才適合牠們交配繁殖，每逢夏季風雨將要來臨之際，氣溫濕熱，便會成千成萬的從巢內飛出，換言之，當看見白蟻離開巢穴飛舞於燈下時，就表示快要下大雨了，故臺灣稱白蟻為「大水螞蟻」，意思是看到白蟻很快就會見到大水了。

在臺灣，每年 4~9 月間颱風或大雨來臨前，大群白蟻會集體飛出巢穴，夏夜水銀燈下常見的油黃色飛蟻，一前一後的互相追逐即是白蟻求偶的行為，其追逐雌、雄配對後迅速脫落翅膀，並開始在適當場所或地下，以唾液和排泄物混以泥土作坑道或築巢，此一雌一雄的白蟻，能夠繁殖數萬隻的白蟻後代，也就是蟻后和蟻王。白蟻中僅負有建立新家庭任務的雄蟻和雌蟻，才擁有翅膀，牠們的翅膀很薄脆，一碰就掉，主要作用就是供白蟻從巢中飛出，一旦飛出，翅膀的任務完畢，便很快自動脫落。

離開老巢的雌蟻經過交尾後逐漸長大，成為新的蟻后。蟻后體長約 5~10 cm，是一具令人難以相信的生殖機器，能夠每秒鐘產 1 顆卵，1 天可以產 3 萬顆卵。蟻后的壽命約 30 年，能 30 年間連續不停地產卵，約 328.5×10^6 顆卵。

白蟻的翅膀和眼睛皆已退化，適合在陰暗的朽木中生活，幾乎不外出，因此身體呈白色，而大部分白蟻沒有視覺，主要依靠化學分子、觸覺和費洛蒙溝通，溝通內容包含覓食、尋找繁殖蟻、建築蟻巢、分辨同伴、分飛、尋找並攻擊敵人和抵禦巢穴等，最頻繁的溝通方式是透過觸角。工蟻、兵蟻和蟻后一生都在蟻巢內，不見天日，這三種白蟻都是無翅的，也從不外出覓食或是活動，除非發現牠們的巢穴，不然沒有機會見到牠們；家中的衣箱、木器、書櫃等，若是堆積著長年不移動，很容易成為白蟻的巢穴。

白蟻的生活方式至今仍很原始，其數目最多的是工蟻，牠們在生活上的分工和組織能力極為嚴密周到。工蟻的任務是造巢，以口對口方式供給食物給蟻后和兵蟻以及照顧幼蟲；兵蟻具褐色且強壯的大顎，可以驅逐外敵。白蟻社會中因各有任務，縱使數量眾多但仍能維持秩序，研究顯示，當屬於不同群體的白蟻相遇時，有些個體會故意擋住另一方的去路，以阻止對方回巢留下費洛蒙訊息，讓更多工蟻前來支援；儘管有些白蟻會擋住對方去路，但不一定會進行打鬥，不過有些白蟻會採自殺方式堵住道路，以防止敵人入侵，如臺灣家白蟻，牠們會擠進隧道裡然後死去以堵塞通道，進而阻止後續搏鬥。

8-4 白蟻的危害

白蟻是經濟害蟲，會侵害建築、作物和森林，在德語中稱„Unglückshafte“，意義為「帶有厄運的動物」或「帶來不幸的動物」，又因牠們強大的破壞力，故被廣東人稱為「無牙老虎」。白蟻以木材纖維為食，會蛀壞房屋、橋樑、家具、地板、森林等，其造成的危害包括：(1)引起電線短路起火，電信故障或停電；(2)堤壩受害，引起水災；(3)蛀蝕鐵路枕木；(4)蛀蝕建築物的木料結構，造成建築物傾倒或不堪使用。在美國，有許多住家常受到白蟻的侵擾，致使房屋在辦理抵押貸款時，銀行會要求白蟻處理證明；在臺灣，房子雖多為鋼筋水泥，但早期的木造房就常受到白蟻的侵蝕，不過即便建材為鋼筋水泥，仍時聞地板、門窗、家具、衣服或紙張等遭受白蟻侵害。

對於自然界，白蟻則是腐木與朽材的分解者，為少數能分解纖維素的昆蟲之一，使纖維素變成養料回歸土壤，因此，在生態循環中位居重要的一環。白蟻的腸道不分泌纖維素酶，無法消化木質纖維素，但其腸道寄生著一種名為鞭毛蟲的原生動物，能分泌消化纖維素酶，將木質纖維素酵解為可吸收的葡萄糖，為白蟻提供充足養分，鞭毛蟲亦可在白蟻腸道中獲得所需的養料，兩者可說是密切合作，互利共生、互蒙其利。

8-5 白蟻的防治

一、天敵

白蟻有很多天敵，螞蟻是最主要的天敵，其餘如蜈蚣、蟑螂、蟋蟀、蜻蜓、蠍子、蜘蛛、蜥蜴、青蛙亦是；而土豚、土狼、食蟻獸、蝙蝠、熊、兔耳袋狸、許多鳥類、針鼴、狐狸、嬰猴、袋食蟻獸、老鼠和穿山甲也會取食白蟻。

二、土壤處理

因白蟻大都是透過土壤進入屋內，所以土壤必須加以處理。

三、木材處理

房屋木材如樑柱、木板；直接或間接接觸到地下的木材皆須處理。

四、驅除處理

已受白蟻腐蝕的地方可鑽洞注入白蟻專用藥水；其他地方如木材表面、土壤、房子的地基也必須徹底地處理。

五、藥劑防治

一般採用局部灌注法消滅局部白蟻，並同時建立白蟻阻隔帶防治再度入侵，可氯丹可濕性粉劑防治白蟻使用最廣泛，藥效持久；而有機磷殺蟲劑（如陶斯松）和合成菊酯殺蟲劑（如百滅寧、賽滅寧、拜芬寧、芬普尼等）效果佳。

課後複習

( ) 1. 在臺灣，每年的何時是白蟻大發生的季節？(A) 2~3月 (B) 4~9月 (C) 5~7月 (D) 8~9月

( ) 2. 白蟻的腸道裡寄生著何種原生動物，分泌一種消化纖維素酶，把木質纖維素酵解為可吸收的葡萄糖，為白蟻提供了充足的養分？(A)鞭毛蟲 (B)蠕蟲 (C)線蟲 (D)絲狀蟲

( ) 3. 白蟻建造蟻塚會根據下列哪些因素？(A)太陽方位 (B)風向方位 (C)水源方位 (D)以上皆是

( ) 4. 白蟻的口器屬於何種形式？(A)咀嚼式 (B)舐吮式 (C)刺吸式 (D)螯刺式

( ) 5. 下列何者可視為白蟻的天敵？(A)蟑螂 (B)蜻蜓 (C)青蛙 (D)以上皆是

( ) 6. 白蟻蟻后的壽命約幾年？(A) 10年 (B) 20年 (C) 30年 (D) 40年

( ) 7. 當蟻王、蟻后死後，下列何者會替代蟻王、蟻后的工作？(A)大翅型白蟻 (B)短翅型白蟻 (C)無翅型白蟻 (D)補充生殖蟻

( ) 8. 白蟻的蟻塚，其工蟻活動範圍約幾公尺？(A) 10公尺 (B) 20公尺 (C) 30~40公尺 (D) 50~100公尺

( ) 9. 下列何者是臺灣常見5種白蟻害蟲中，唯一不需要依賴其他水源而存活在乾燥木材中的白蟻？(A)臺灣家白蟻 (B)格斯特家白蟻 (C)截頭堆沙白蟻 (D)臺灣土白蟻

( ) 10. 下列何者是臺灣常見5種白蟻害蟲中，有翅型體型最小、體色最淡的一種？(A)黃胸散白蟻 (B)格斯特家白蟻 (C)截頭堆沙白蟻 (D)臺灣土白蟻

(　) 11. 格斯特家白蟻與臺灣家白蟻的危害，占全國白蟻防治案件全數約多少比率？(A) 45%　(B) 57%　(C) 75%　(D) 87%

(　) 12. 臺灣家白蟻的婚飛期大約是在幾月？(A) 2~3月　(B) 4~7月　(C) 8~9月　(D) 10~12月

(　) 13. 蟻后會不斷產卵，其速度可快至1秒鐘幾顆卵？(A) 1顆卵　(B) 5~10顆卵　(C) 15~20顆卵　(D) 25~35顆卵

(　) 14. 一個白蟻的群體需要幾年以上才能達到成熟？(A) 1年　(B) 3年　(C) 5年　(D) 7年

(　) 15. 大部分白蟻都沒有視覺，主要依靠何種方式溝通？(A)費洛蒙　(B)化學分子　(C)觸覺　(D)以上皆是

解答｜BADAD　DBDCC　DBACD

CHAPTER 09

床蝨

本章大綱

9-1 臭蟲的特徵
9-2 臭蟲的生態
9-3 臭蟲的習性
9-4 臭蟲的危害
9-5 臭蟲的防治

床蝨，俗稱臭蟲，是一種很小及難以捕捉的寄生昆蟲，屬於臭蟲科(Cris)，是半翅目(Hemiptera)異翅亞目(Heteroptera)臭蟲下目(Cimicomorpha)臭蟲總科(Cimicoidea)的生物種類，此科約有 74 種，均對溫血動物行吸血性寄生。臭蟲有一對臭腳能分泌異常臭液，而此種臭液為防禦天敵和促進交配之用，因其爬過的地方會留下難聞的臭氣，故名臭蟲(Bed Bug)。臭蟲自古以來即是重要滋擾性害蟲，因其難聞之氣味惹人嫌惡，常被做為用以形容個人衛生不佳、邋遢或體臭等的代名詞。

臭蟲科中只有臭蟲屬(Cimex)與人有密切關係，此屬內有二種經常刺吸人血，即熱帶臭蟲(*Cimex hemipterus*)及溫帶臭蟲(*Cimex lectularius*)，凡夏季氣溫平均在 30℃以上的地區，以熱帶臭蟲分布較多，故其發生地帶以熱帶及亞熱帶地區為主；溫帶臭蟲對環境具有較高之適應性，廣布於世界各地。溫帶臭蟲遍布中國大陸，而熱帶臭蟲主要發生於臺灣。

雖尚無證據臭蟲會傳播人類疾病，但被臭蟲叮咬會奇癢無比，過去曾在許多國家蔓延過，於 1965~1970 年代銷聲匿跡，不過近年來再度成為常見害蟲，於歐洲、美國、澳洲等國造成相當困擾的問題。臭蟲的出現與環境乾淨與否關係不大，研判可能是國際交通活絡的因素，由於旅遊往返頻繁，無論是海運、空運，一不小心就有可能將臭蟲隨著衣服、行李、生活用品等夾帶回家。

9-1 臭蟲的特徵

臭蟲無翅，胸部分前胸、中胸及後胸，前胸最大，寬度約等於長度的三倍，背板中部有顯著的隆起，而側緣扁平向前方伸出，因而前緣顯著陷入，頭的基部即崁在前胸的陷入處。臭蟲具有 8 個可見腹節，第一節已消失，而第十節特化成性器，第九節生殖板的中間為生殖孔，第十節生殖板的中間則為肛門，具有臭腺，分泌物有特殊氣味。雌蟲腹節的第四節腹板（實際為第五節）左方有三角形深凹處，係為交尾孔，或稱萊氏孔(Organ of Ribaga)，通向血腔內之柏氏器(Organ of Berlese)，交尾時，雄蟲陽莖插入萊氏孔將精子注入柏氏器移行至輸卵管壁，由管壁上皮進入微卵管；雌蟲的生殖孔僅供排卵用（圖 9-1）。

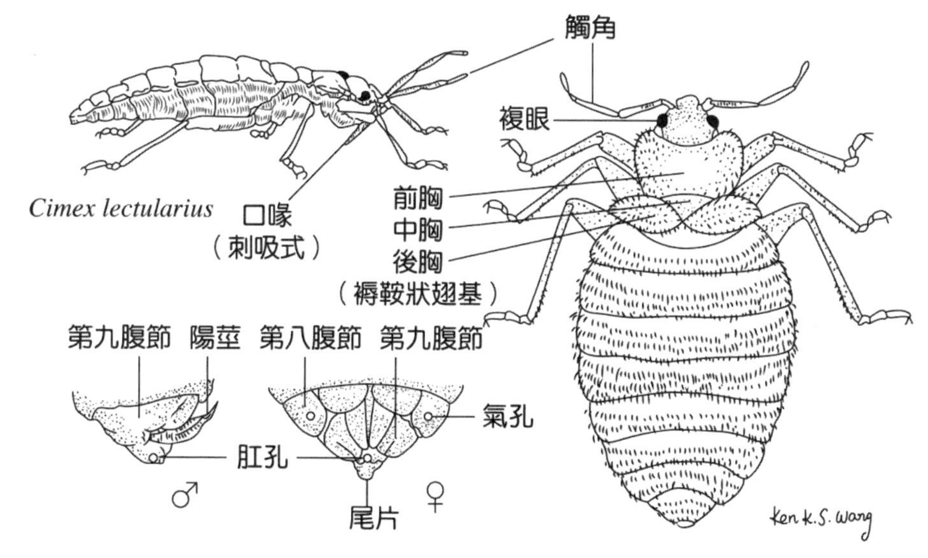

圖 9-1　臭蟲的型態特徵（體長約 4~5 mm，寬約 3 mm）

圖片來源：編著者自行繪製。

臭蟲口器為刺吸式，高度特化，下唇發達如長喙，分四節，但僅前端三節明顯可見，能伸縮，當不吸血時，其口器彎入於頭和胸的下面之溝槽內。沿著下唇之背面有一條溝，內含細長穿刺器，即大顎與小顎各一對，大顎末端具小齒可切刺寄主之皮膚。臭蟲在臭蟲屬中，只有二種吸食人血，分別為熱帶臭蟲和溫帶臭蟲，其主要區別點如下。

一、熱帶臭蟲(*Cimex hemipterus*)

體長約 4.4 mm，體色褐色，身體上下扁平，頭部小，觸角 5 節，黃褐色，前胸背板寬大，上側緣凹凸，狀如新月狀；中胸背板小，三角型，體背無翅，腹背多節，體壁密生短毛，各腳黃褐色，雌蟲腹端弧圓，雄蟲尖窄（圖 9-2）。

二、溫帶臭蟲(*Cimex lectularius*)

體長約 4~5 mm，體色棕紅，全身有短毛且多呈鋸齒狀，形態長卵圓形或長橢圓形，前胸背板的中間顯著隆起，兩側扁平，且向前伸展至眼的附近，腹部第 3 節最寬。頭闊，其基部正好脫在前胸凹入處，複眼部由頭的兩旁突出。觸角分五節，第一節粗短，第二節為橢圓形，第三節較第四節為大，末節呈絲狀（圖 9-3）。

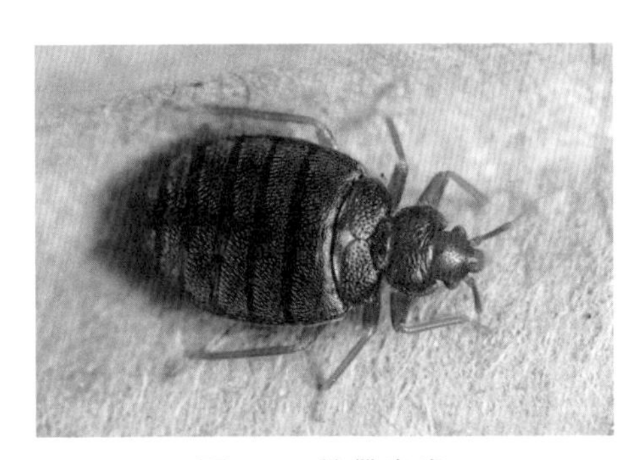

圖 9-2 熱帶臭蟲

圖 9-3 溫帶臭蟲

9-2 臭蟲的生態

臭蟲為不完全變態昆蟲，其生活史包括卵、稚蟲及成蟲（圖 9-4），成蟲必須先吸血才能產卵，卵單粒產出，每次 1~9 顆，產在牆壁、床板、榻榻米、蚊帳等處的縫隙中，每一隻雌蟲一生可排卵 6~50 次，共可產卵 150 顆以上。稚蟲期有 5 齡，每一齡期約 4~12 天，各需吸血一次。整個生活史從卵到成蟲平均約 34 天(28℃)，如在 15℃則須 236 天。

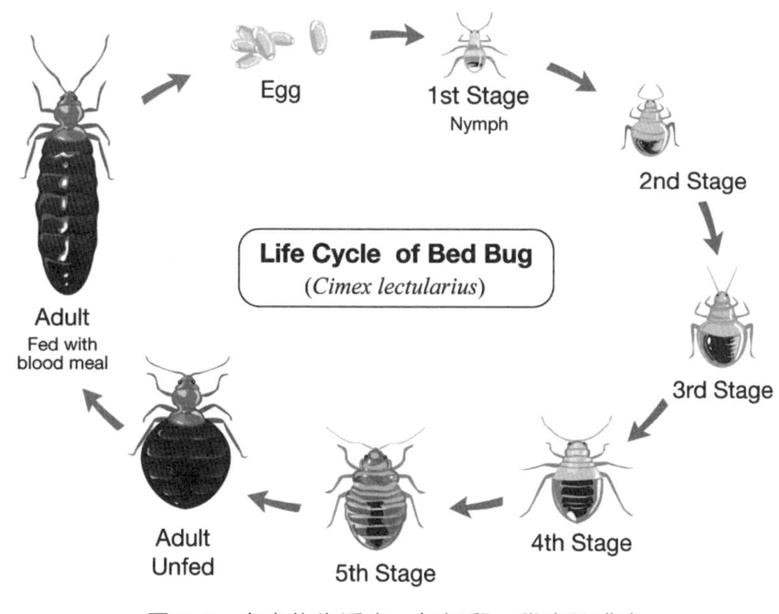

圖 9-4 臭蟲的生活史，包括卵、稚蟲及成蟲

臭蟲的卵為長橢圓形，剛產下時為白色，不久即轉變為淡黃色；卵的長度為 1 mm，寬 0.44 mm，溫度在 28℃的時候約 6~10 天即可孵化。剛孵化出來的稚蟲，除大小不同及顏色略淺外，其他方面皆頗似成蟲。交配可以在最後一次蛻皮後的 1~2 天，產卵則在交配後的 1 週左右。

9-3 臭蟲的習性

一、食性

臭蟲是一種強制性吸血昆蟲，不論稚蟲或雌、雄成蟲皆吸血，一次吸血量約為體重的 2.5~6 倍，因此腹部特別膨脹。通常在黎明前吸血，每次吸血約 5~10 分鐘，始獲得飽滿，白天躲藏在掩蔽處慢慢消化吸食的血液。嗜吸人血(Anthropophily)，得不到人血時亦吸食兔、小鼠、鳥類及蝙蝠，但以吸人血為主。尋找宿主的方法主要是透過找尋宿主排出的二氧化碳、熱量及其他化合物，如汗酸、體液、分泌物等，吸血時通常不爬在皮膚，而是停留在緊接於皮膚的被褥、衣服或家具上。

臭蟲口器有兩條空心的進食管，當以口器刺穿宿主皮膚時會留下兩個孔洞，一條用來向宿主注射含有抗凝血劑和麻醉劑的唾液，另一條吸取血液。在進食約 5 分鐘後，臭蟲會返回其藏身處。

二、棲息所

白晝時臭蟲隱匿於牆壁、地板、榻榻米、床椅等家具隙縫，以及褥墊和蓆縫內和牆上糊紙的後面，此外，也隱匿於衣物、行李、舟車中，隨著上述物品到處散布，遍及全世界。臭蟲吸血後不久即開始排泄食物中過多的水分，在器物上留下糞滴，使之染有黑褐色汙斑，可依此汙斑作為判斷該區域是否有臭蟲出沒的依據。

三、行動

臭蟲可爬行於粗糙之表面（如在粗糙紙張上下爬行），但常摔下，且無法在平滑的玻璃板上爬行。臭蟲喜好辟居，常緊鄰食物源，能自一間臥房爬行至隔壁房，構造簡陋的房子、旅館或其他供人臨時住宿的地方，最容易感染臭蟲。大部分的臭蟲可經由家具的搬遷，傳到另一間房子。

四、壽命

臭蟲每年可繁殖幾代，依血食、溫度和濕度的情況而定，冬季時通常停止飼食和產卵且蟄伏起來，在溫暖的季節或熱帶地區，每年可繁殖5~6 代以上。成蟲耐飢力很強，特別在寒冷季節不活動的時期中，稚蟲得不到血食時，可存活 70 天以上；成蟲得不到血食，通常可活 6~7 個月。成蟲的壽命平均約 1 年。

9-4 臭蟲的危害

臺灣往昔流行之臭蟲，主要為熱帶臭蟲(*Cimex hemipterus*)，過去在旅館、軍隊、醫院、監獄、學生宿舍、小學生椅子甚至臺北萬華火車站、臺鐵火車代用客車之座椅等，均曾發生臭蟲猖獗為患，但隨經濟發展、社會進化、環境改善之後，已絕跡二、三十年。

臭蟲具有一對新月形的臭腺開孔，位於成蟲後胸之腹面；在稚蟲可發現其臭腺開孔於腹部之背面。臭蟲由其臭腺(Stink Gland)分泌出常人難以接受的氣味，令人生厭，臭腺分泌液屬於臭蟲的外激素(Pheromone)，可能具有同種間聚集、求偶或防禦外來侵害之作用。

臭蟲叮咬時會注入唾液，依個人免疫反應的不同，可能產生紅腫、蕁麻疹樣丘疹或是水泡，嚴重者可導致全身性過敏反應。叮咬後皮膚搔癢可能引起局部感染，若常常被叮咬，還會引起貧血、失眠及神經過敏。

以往一直認為臭蟲不會傳播任何人類疾病，惟近年來在非洲的研究結果顯示，臭蟲可能經由吸血或糞便汙染傳播多種疾病，如回歸熱、痲瘋、鼠疫、小兒麻痺、結核病、錐蟲病、東方癤、黑熱病等，以及機械式傳播 B 型肝炎病毒。

9-5 臭蟲的防治

一、環境管理

1. 牆壁不留隙縫，若有破損應盡快填補。
2. 減少雜物堆積，經常打掃四周並保持乾淨。
3. 懷疑有臭蟲的衣物，集中裝入塑膠袋並綁緊，避免提送過程中臭蟲逃逸，再將衣物倒入洗衣機中清洗。若發現臭蟲可使用熱蒸氣熨斗進行蒸氣防治。對於不能用開水燙泡的衣物，可放到強烈的太陽光下曝曬 1~4 小時，並給予翻動，使臭蟲因高溫曬死或爬出而被殺死。
4. 以吸塵器勤捉臭蟲，達有效防治。
5. 家中如有草蓆或箱子，可裝入塑膠袋中並綁緊進行曝曬，袋中溫度超過 65℃即可防治臭蟲。

二、藥劑防治

偵測臭蟲的數量及出沒處，依觀察到活的臭蟲、稚蟲的脫殼、蟲卵及糞滴等數量之多寡作判斷之依據，一旦發現臭蟲蹤跡，則室內床架、床墊、家具、牆壁、地板裂縫等，均須以化學藥劑處理。

1. 用 5% DDT 乳劑或溶液噴灑，亦可用 2%馬拉松、1%樂乃松或 1%愛得力溶液噴灑。
2. 旅社或其他供人臨時住宿的地方和旅行者本身，可噴灑或塗抹忌避劑，如 DDT、除蟲菊精（如 Deltamethrin）或撒布粉劑(0.05 gm/kg)。
3. 施用殘效性殺蟲劑來防治臭蟲效果頗佳。
4. 情形嚴重可請合格的病媒防治除蟲公司代為處理。

課後複習

( )1. 臭蟲(Bed Bug)叮咬後搔癢可能引起局部皮膚感染，如常被叮咬，可引起何種疾病？(A)B型肝炎 (B)貧血 (C)失眠 (D)以上皆是

( )2. 熱帶臭蟲(*Cimex hemipterus*)主要發生於臺灣；其體長約多少？(A) 1.5 mm (B) 2~3 mm (C) 4~5 mm (D) 5.5~6.5 mm

( )3. 臭蟲一次吸血量約為其體重的幾倍？(A) 1~2倍 (B) 2.5~6倍 (C) 6~7倍 (D) 8~9倍

( )4. 臭蟲的臭腺(Stink Gland)分泌液具有何種功能？(A)外激素(Pheromone) (B)求偶作用 (C)防禦外來侵害 (D)以上皆是

( )5. 熱帶臭蟲主要發生於？(A)臺灣 (B)泰國 (C)韓國 (D)中國

( )6. 溫帶臭蟲(*Cimex lectularius*)主要發生於？(A)臺灣 (B)泰國 (C)日本 (D)中國

( )7. 熱帶臭蟲的口器為何種型式？(A)咀嚼式 (B)舐吮式 (C)刺吸式 (D)螯刺式

( )8. 當臭蟲以其口器刺穿宿主的皮膚時，會在皮膚上留下何種特徵？(A)糞漬 (B)刀畫式傷口 (C)兩個孔洞 (D)以上皆是

( )9. 臭蟲不論稚蟲或雌、雄成蟲皆吸血，通常每次吸血約多久始獲得飽滿？(A) 2~3分鐘 (B) 5~10分鐘 (C) 30~60分鐘 (D) 1~2小時

( )10. 臭蟲的發育過程中，形態上的變化屬於何種變態昆蟲？(A)完全變態昆蟲 (B)不完全變態昆蟲 (C)漸變態昆蟲 (D)無變態昆蟲

解答｜DCBDA DCCBA

MEMO

CHAPTER 10

百足蟲

本章大綱

蜈蚣(Centipede)，又名百足蟲(Centipoda)，是肉食性動物，屬於多足類唇足綱，體型細長，每一段體節擁有一對足。蜈蚣擁有奇數對的腳，首節的附肢特化為一對毒爪(Forcipule)，為能夠注射毒液的鉗狀前肢。蜈蚣體軀沒有表皮蠟質，水分流失很快，所以需要潮濕的微棲息地（如土壤、落葉堆、石頭與腐木下等）以補充水分。

蜈蚣並不是昆蟲，屬於節肢動物，多生活於戶外潮濕陰暗處，雖為非吸血性的類型，當在住家內、外活動時，常會造成騷擾，甚至引起部分民眾之惶恐不安與情緒緊張，即使是無毒的蜈蚣仍經常驚嚇到人，因為牠們移動時同時動用大量的腳，且傾向於從黑暗中竄出，衝向人們的腳邊，若民眾對蜈蚣缺乏正確的認知，容易產生莫名的恐懼(Unknownymous Fear)而導致心裡的陰影。

蜈蚣通常不會主動攻擊人，中小型蜈蚣的毒鉤小，毒液量少，不會對人的安全造成威脅，至於大型的蜈蚣，其毒液也沒有致命的危險，當我們發現蜈蚣時，請不要立即打死牠，可以用掃把畚斗掃出門外，放牠一條生路。近年來鄉村都市化，山坡地的濫墾濫伐、農藥殺蟲劑的濫用，已對蜈蚣的生存棲息地造成相當程度的破壞，威脅到蜈蚣的生態與多樣性。

10-1 蜈蚣的特徵

蜈蚣屬節肢動物門唇足綱(Chilopoda)，唇足綱分成四個目，包含蚰蜒目、蜈蚣目（又名熱帶蜈蚣）、石蜈蚣目和地蜈蚣目（表 10-1）。唇足綱軀幹部的體節由 4 片幾丁質板、背板、腹板和左、右側板連線而成，側板上具有步足、氣孔和幾丁質化的小片，每一體節只有 1 對步足。步足由基節、轉節、前股節、股節、脛節、跗節和前跗節組成，第 1 體節的步足特化成唇足類特有的顎足，也稱毒顎，顎足呈鉗狀，仍保留著步足分節的基本構造，主要用以捕食。最末體節的步足較長，伸向後方呈尾狀，身體最末兩步足間有由 1~2 個體節組成的生殖節，有極小的生殖肢。

蜈蚣的頭部呈圓或扁平狀，前端有一對觸角，不論爬行、捕食或是尋找棲息的處所皆依靠這對觸角。許多品種的蜈蚣沒有眼睛，少數擁有單眼，這些單眼有時會聚集起來形成複眼，具有分辨明、暗的功能。

有一對用於咬與切割的顎(Mandible)，以及兩對用於進食與操縱食物的小顎(Maxilla)，第一對小顎包含小顎鬚，形成下唇。軀幹部之第一對附肢特化變為毒爪，是一個鉗狀附肢，具有毒腺之開口，位在頭部底面，可利用毒爪攫捕獵物並穿刺，將毒液注入體內。

蜈蚣的每一體節有一個開口或氣門，具有一對足，足的數目少者有十對，多者甚至達一百餘對，皆為奇數對，節數範圍從 15~181 節；如蚰蜒目具有 15 體節、石蜈蚣目具有 15 體節、蜈蚣目具有 21 或 23 體節、地蜈蚣目具有 31~181 體節，絕無偶數。蜈蚣體細長，背腹扁平，胸部及腹部合為軀幹部；軀幹部除最後第二或第三體節外，每一體節具有一對足，適於快速爬行。

蜈蚣的毒液含兩種類似蜂毒的有毒成分，即組織胺(Histamine)樣物質及溶血性蛋白質，尚含脂肪油、膽固醇(Cholesterol)、蟻酸(Formic Acid)等，咬人時，毒液流到傷口內引起中毒，症狀如傷口局部有淤點、四周紅腫、劇痛，嚴重者頭痛、嘔吐、發熱，甚至全身抽搐、休克，一般而言，蜈蚣越大，毒性越大，症狀也越嚴重。

▶ 表 10-1　唇足綱蚰蜒目、蜈蚣目、石蜈蚣目及地蜈蚣目的特性區分

種類／項目	蚰蜒目 (Scutigermorpha)	蜈蚣目 (Scolopendromorpha)	石蜈蚣目 (Lithobimorpha)	地蜈蚣目 (Geophilomorpha)
圖例				
別名	牆串子、錢串子、草鞋蟲、蚰蛸	天龍、百足蟲	−	地扒子
步足	15 對	21~31 對	15 對	31~181 對
體長	約 30~60 mm	約 50~130 mm	約 4~40 mm	約 5~200 mm
顎足	具毒腺，開口於爪端	Forcipule 是蜈蚣的第一對腿特化的鉗狀附肢，在頭部底面，可捕捉獵物、注射毒液	具毒腺，開口於爪端；含有大量的毒液	具毒腺，開口於爪端；毒性較小
食性	捕食小型節肢動物，如小昆蟲或蜘蛛等	捕食蟑螂、蟋蟀、蝗蟲、金龜子、蟬、蚱蜢及各種蠅類、蜂類	捕食跳蟲	主食可能是蚯蚓，以小型昆蟲為食物。是衣魚的天敵

▶表 10-1 唇足綱蚰蜒目、蜈蚣目、石蜈蚣目及地蜈蚣目的特性區分（續）

種類／項目	蚰蜒目 (Scutigermorpha)	蜈蚣目 (Scolopendromorpha)	石蜈蚣目 (Lithobimorpha)	地蜈蚣目 (Geophilomorpha)
習性	夜行性	夜行性	夜行性	夜行性
活動範圍	戶外活動，偶爾會進入家中浴室、廚房、地下室或水管、水溝等處	潮濕的環境，腐爛之木材、落葉或植物碎屑中；偶爾會進入家中浴室、廚房	戶外活動，白天躲藏牆角或陰暗的枯葉層，夜晚活動	戶外活動，喜潮濕的環境，腐爛之木材、落葉或植物碎屑中
移動速度	>40 cm/sec	<10 cm/sec	<20 cm/sec	<10 cm/sec
對人類影響	具有毒鉤和毒腺，但無法刺穿皮膚，對人體危害甚小，造成輕微過敏反應	被咬後會感到疼痛，腫脹、發抖，有過敏性反應、發燒等症狀，不太可能致命	咬人、畜時可注入毒液，引起劇痛	不會主動攻擊人

10-2 蜈蚣的生態

蜈蚣是掠食性動物且適應獵捕多樣的生物，在生態上扮演著較高級消費者的地位，牠會捕食土壤中體形較小的動物，抑制一些害蟲的數量，就整體而言，牠對人類是有益的。蜈蚣的繁殖沒有交配的過程，雄蜈蚣留下精莢給雌蜈蚣，一些蜈蚣會將精莢放在網裡，然後雄蜈蚣進行求偶舞，吸引雌蜈蚣，石蜈蚣目和蚰蜒目會將牠們的卵放進土壤的洞裡，雌蜈蚣用土或葉子將洞覆蓋，然後離開，產下的卵數約 10~50 顆；地蜈蚣目和蜈蚣目的雌蜈蚣產下的卵數約 15~60 顆，卵被產在土壤或朽木裡，雌蜈蚣會保護這些卵。胚胎到孵化的發展時間不固定，可能需要一至數個月。在臺灣常見的蜈蚣如表 10-2 所示。

10-3 蜈蚣的習性

蜈蚣體壁缺乏臘質層覆蓋，抗乾燥能力低，且以氨的形式排泄含氮廢物，此種排泄模式需要耗費較多的水，故通常生活於潮濕環境，亦需尋找潮濕的土壤環境來產卵。白天大多藏匿於土中、石下、傾倒樹木之鬆、裂樹皮下、腐爛之木材、落葉或植物碎屑中；於夜間活動，以減少水分散失。

蜈蚣通常為雄、雌的成雙出入，若發現一隻，應該還有另一隻或一家大小，須特別注意。偶爾會經由門下、窗戶縫隙或水管爬入廚房或浴室，如不小心碰觸到較大的蜈蚣，可能會咬人，造成局部腫痛。雖有數種蜈蚣會咬人，但卻很少因被咬而致死者。

蜈蚣為肉食性，主要以昆蟲及其他節肢動物為食，如蚯蚓、白蟻、蜘蛛、蟑螂、蛞蝓，甚至藏在地底的幼蟲。蜈蚣不吃已死的動物，當蜈蚣用毒爪抓住小獵物時，會直接塞進嘴裡吞下，若遇到頑強抵抗的獵物

▶表 10-2 臺灣常見蜈蚣

項目／種類	矮蜈蚣	褐頭蜈蚣	臺灣大蜈蚣	背條紅蜈蚣
圖例				
說明	是住家附近最常見的蜈蚣，體長只有 20~30 mm，附肢 15 對，身體濃褐色，背面由大、小型背板相間隔排列而成，行動敏捷，不具毒性	體長 110~130 mm，體節有 21 節，具褐色的頭、暗綠色的身體以及淡黃色的腳	體長約 200 mm，體節有 30~40 節，暗褐色的頭及身體，褐綠色的腳外形類似褐頭蜈蚣。白天蟄居於倒木、廢林及瓦片、石頭或腐葉下之陰濕處，夜間活動，有時侵入屋內，尤以 4 月後溫暖季節為多	體長 50~60 mm，紅橙色，附肢 23 對，主要棲息於森林的落葉，有時也能在住家附近見到牠的行蹤

時，便會由毒牙基部的毒液囊，將毒液注射入，使獵物癱瘓。捕食獵物只是因為肚子餓，一旦飽餐之後，便可數天不食，若有小動物靠近，甚至爬到身上，都不會受到攻擊。地蜈蚣的主食可能是蚯蚓，牠們挖掘土壤並且用毒爪輕易刺穿蚯蚓。

10-4 蜈蚣的防治

成年人被蜈蚣咬後，除了感到十分疼痛，可能還會出現嚴重腫脹、發抖、發燒與虛弱等症狀，不過不太可能致命。蜈蚣咬傷對於孩童與有過敏反應的人更具威脅，因過敏者可能產生過敏性休克。蜈蚣的毒液類似蜂毒，會疼痛但不會致命，較小的蜈蚣可能無法咬穿皮膚而較無威脅性，況且大多數蜈蚣體形小，毒液量少，萬一被咬時，最好的處理是清洗及消毒傷口。冰敷可以減輕局部腫脹及疼痛，幾天後疼痛消失即痊癒，少數人會有較劇烈的症狀，如紅腫、淋巴腺腫大等，傷口可能被細菌感染，應馬上就醫。

通常人們很少針對零星發生之蜈蚣施以防治，除非住家深受其擾或大量發生時才採取防治措施，居家環境如果室內採光度低、通風不良、濕氣較重或有小蟲子（如蚯蚓、白蟻、蜘蛛、蟑螂、蠹斯、蟋蟀、蚱蜢、蛞蝓等）入侵，皆是導引蜈蚣進入家裡覓食的因素，必要時，於家屋內外縫隙、孔洞及其可能棲息之處所，撒石灰粉及保持該區域乾燥。化學防治可利用：(1)殘效性藥劑噴灑：如牆壁空隙可施用粉劑、室內角落利用除蟲菊精劑；(2)非殘效性藥劑噴灑：如施用其他合成之除蟲菊類藥劑，擴大噴灑於發現蜈蚣的地點及其逃竄之路徑，可提供立即防治之效。而蜈蚣的天敵則包含寄生線蟲、螞蟻、石龍子、雞、鳥類、老鼠、貓鼬、蠑螈、甲蟲和蛇等。

課後複習

( ) 1. 蜈蚣的毒液含有下列何種成分？(A)組織胺(Histamine) (B)溶血性蛋白質 (C)蟻酸(Formic Acid) (D)以上皆是

( ) 2. 蚰蜒目(Scutigermorpha)的步足有幾對？(A) 15對 (B) 21~31對 (C) 35~51對 (D) 31~181對

( ) 3. 蜈蚣目(Scolopendromorpha)的步足有幾對？(A) 15對 (B) 21~31對 (C) 35~51對 (D) 31~181對

( ) 4. 石蜈蚣目(Lithobimorpha)的步足有幾對？(A) 15對 (B) 21~31對 (C) 35~51對 (D) 31~181對

( ) 5. 地蜈蚣目(Geophilomorpha)的步足有幾對？(A) 15對 (B) 21~31對 (C) 35~51對 (D) 31~181對

( ) 6. 下列何者為蜈蚣主要獵食的對象？(A)白蟻 (B)蟑螂 (C)蚯蚓 (D)以上皆是

( ) 7. 臺灣大蜈蚣體長約多長？(A) 20~30 mm (B) 50~60 mm (C) 110~130 mm (D) 200 mm

( ) 8. 蜈蚣的毒液具何種特性？(A)神經毒 (B)類似蜂毒 (C)肌肉毒素 (D)類過敏性毒

解答 | DABAD DDB

MEMO

CHAPTER 11

蚰蜒

本章大綱

地中海蚰蜒（學名：*Scutigera coleoptrata*；英語：House Centipede），屬於唇足綱(Chilopoda)，蚰蜒目(Scutigeromorpha)，蚰蜒科(Scutigeridae)，俗稱蚰蜒，別名草鞋蟲、錢串子。在全球，已記錄的蚰蜒目約有 90 多種，分為 3 個科 26 個屬，原分布於地中海，現已廣布於全世界；在臺灣則記錄有 3 個屬 5 種：(1) *Scutigera coleoptrata*；(2) *Thereuonema hilgendorfi*；(3) *Thereuonema tuberculata*；(4) *Thereuopoda clunifera*；(5) *Thereuopoda longicornis*。

蚰蜒通常棲息於人類的房屋中，又稱家居蜈蚣，也常在戶外大石頭下、石縫、木材堆、植物縫隙中發現，亦能夠終生生存於建築物中。在臺灣主要分布於亞熱帶地區森林底層或洞穴，偏好潮濕溫暖的環境，因此較容易出現在近郊或樹林附近的住宅，通常可見於人們少進出的地下室或儲物間。

蚰蜒為食蟲動物，會獵食節肢動物，如昆蟲綱和蛛形綱，以居家的害蟲(Household Pests)為食，雖然被認為是一種益蟲，但是牠們具有令人不安的外表、驚人的爬行速度與被叮咬時會疼痛，因此鮮少有人願意與其同居一室。

11-1 蚰蜒的特徵

蚰蜒體長約 2.5~6.0 cm，外形長得像蜈蚣，體為圓筒狀，具一對複眼，身體為硬殼，呈黃灰色或深褐色，背部具三條黃色縱向條紋縱貫全身。屬於唇足綱動物，軀幹多節，每一體節具有一對足，其中第一對附肢特化為可以注射毒液的顎足，顎足具毒腺，開口於爪端，位在頭部下方；有 15 對步足（節肢足）（圖 11-1），步足特別細長且脆弱，後肢比前肢長，步足也有深色的條紋。

蚰蜒行動迅速，氣管集中，幾千個單眼聚集構成偽複眼，視力差，故其爬行、捕食或是尋找棲息的處所，主要依靠一對敏感的觸角（圖 11-2）。其氣孔位於背板末端，與一般蜈蚣氣孔位在體節兩側極不相同。

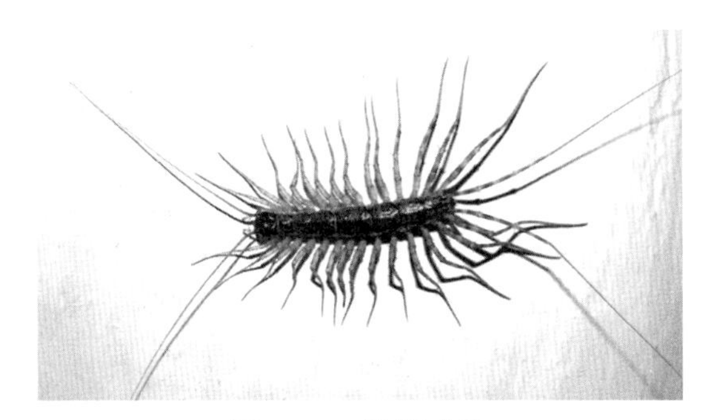

圖 11-1 蚰蜒成蟲

圖 11-2 第一對附肢特化為可以注射毒液的顎足，位在頭部下方

11-2 蚰蜒的生態

蚰蜒屬於代謝較低、生長緩慢、繁殖能力差而壽命很長的物種，其無直接交配的行為，求偶後雄蚰蜒留下精莢，由雌蚰蜒拾取置入體內完成受精。蚰蜒並沒有護卵及護幼行為，通常雌蚰蜒將卵留置在土壤中便會離開，春季產卵，平均可產下 63 顆卵。

初生蚰蜒僅四對步足，在第一次脫皮後會增加一對步足，此後每次脫皮都會增加兩對步足，直至成體 15 對足。生命週期大約為 3~7 年，視棲息的環境而定。

11-3 蚰蜒的習性

蚰蜒屬於夜行性生物，喜歡濕冷的環境，一般在戶外活動，偶爾會進入家中浴室、廚房、地下室或水管、水溝等處，能以極快的速度在牆壁、天花板和地面移動，速度每秒可前進 42 cm。

蚰蜒為肉食性，主要捕捉小型節肢動物為食（圖 11-3），如蜘蛛、臭蟲、白蟻、蟑螂、蠹魚、螞蟻和其它居家節肢動物，利用其毒牙將毒液注入獵物體內，將之殺死；因以居家的害蟲為食，蚰蜒能夠終生生存於建築物中。

圖 11-3　蚰蜒為肉食性，主要捕捉小型節肢動物為食

蚰蜒喜愛生活在濕冷的地方，在室外大多生活於大石頭下、木材堆和堆肥中；在家中卻幾乎能在任何地方發現蚰蜒，尤其是地下室、浴室和廁所，因這些地方較為潮濕，不過在乾燥的地方也能發現牠們的蹤跡，如辦公室、寢室和餐廳。最容易見到牠們的季節是春季，因為天氣

變得暖和，使牠們較為活躍，亦會因天氣變冷而到處尋找人類的住所過冬。

蚰蜒不會主動襲擊人類，相反還非常懼怕人，如果用手觸摸會迅速逃離。蚰蜒和常見的蜈蚣相同，具有毒鉤和毒腺，但毒鉤較蜈蚣脆弱無法刺穿皮膚，對人體危害甚小，僅能造成較輕微的過敏反應，而被蚰蜒咬到產生的疼痛或癢感，和被蚊子叮咬類似。蚰蜒的毒液很弱，pH 值為 6.3~7.0，屬弱酸性或中性，若無繼發性感染一般 3~5 天即可自癒，只留下色素沉著，也不會導致其他較大的寵物（如貓和狗）的嚴重傷害。

11-4 蚰蜒的防治

蚰蜒為捕食性，只要維持家中整潔、避免雜物囤積，便可減少其躲藏的地方和食物來源，一般不需要特別防治；若要減少蚰蜒誤闖家中的機會，可加裝紗窗、紗網或封閉連通室內／外的小縫隙，亦可在牆面塗刷殺蟲塗料（因化學藥劑殘留具有毒殺和忌避作用）或是在室內陰暗、潮濕處噴灑敵百蟲粉劑（二甲基－膦酸酯）、滅害靈（複合型人工合成的擬除蟲菊酯類殺蟲劑）等環境衛生用藥。

課後複習

(　) 1. 地中海蚰蜒(*Scutigera coleoptrata*)具幾對步足？(A) 15對　(B) 21~31對　(C) 35~51對　(D) 31~181對

(　) 2. 蚰蜒的毒腺位於何處？(A)爪端　(B)第一對足　(C)顎足　(D)唇足

(　) 3. 初生蚰蜒具幾對步足？(A) 4對　(B) 6對　(C) 8對　(D) 無足

(　) 4. 蚰蜒屬於夜行性生物，其行動速度有多快？(A) 22 cm/sec　(B) 32 cm/sec　(C) 42 cm/sec　(D) 50 cm/sec

(　) 5. 蚰蜒的毒液很弱，經測定其pH值為何？(A) pH 4.5~6.0　(B) pH 6.3~7.0　(C) pH 8.3~9.0　(D) pH 9.3~10.0

解答 | ACACB

CHAPTER 12

千足蟲

本章大綱

馬陸(Millipede)，又稱千足蟲、千腳蟲，為倍足綱(Diplopoda)節肢動物的通稱，陸生，大多數馬陸的活動速度比蜈蚣慢。在臺灣，馬陸的種類多達 400 餘種，目前有 95 種被記錄；牠們多數生活於森林、都會區公園、公園樹林間、居家花園、菜園等底層的枯枝落葉堆中，僅某些種類常在居家環境周遭活動，例如磚紅厚甲馬陸(*Trigoniulus corallinus*)、粗直形馬陸(*Asiomorpha coarctata*)、姬馬陸(*Nepalmatoiulus* Sp.)、擬旋刺馬陸(*Pseudospirobolellus avernus*)等。

馬陸喜生活於落葉有機土層中，一般危害植物的幼根及幼嫩的小苗和嫩莖、嫩葉，以及常見的經濟花卉植物，以腐爛的草根、落葉為食，少數為掠食性或食腐肉，多食腐植質，有時也損害農作物。馬陸能分解落葉變成植物可用的有機質，在生態系中扮演清除者的重要角色。

12-1 馬陸的特徵

馬陸屬於倍足綱(Diplopoda)多足亞門(Myriapoda)，多數的體節都有兩對足，因而得到「倍足」之名，又稱為千足蟲(Millipede; Thousand Leggers)，一般雌蟲可以長 750 隻腳，是世界上腳最多的動物，但因其肢體較短，僅能以足推進行走，無法快速運動。

馬陸身體由頭部及軀幹部所組成，呈長圓環形或扁背形，體長 1.5~12 cm 不等，體色因種類不同而異，有紅褐色、黑色、橘黃色、淡黃色或黑色具有淺色斑等，遇襲擊時會蜷縮形成球狀。味臭，鳥獸皆不喜獵食，唯有狐獴喜好捕食。馬陸體液及其分泌物含有一種化學物質苯醌（1,4－苯醌、1,2－苯醌），可以發揮驅蚊作用。

馬陸頭部具一雙複眼，一對短的觸角，大顎、小顎各一對，小顎常合為一板狀之小顎板。腹部有 9~100 節或更多，每一腹節除兩對步足外，亦有兩對氣孔、兩個神經節及兩對心孔，雌體馬陸之生殖腺開口位於第三體節之腹面中央，行體內受精；雄體以位於第七體節處之生殖腳傳送精液入雌體。

在臺灣，常見於居家環境週遭活動的馬陸種類約 4 種，介紹如下。

一、磚紅厚甲馬陸(*Trigoniulus corallinus*)

在臺灣，主要分布於苗栗至屏東之間，尤其以中部地區極為常見，本種是中部地區（甚至全臺各地）最常見的中、大型馬陸之一；清晨或黃昏時，在植物公園的落葉堆或石塊堆成的花圃邊緣矮牆上常可發現。身體為磚紅色，腳亦呈紅色，尾部圓滑無明顯尖翹，體兩側各有一列淡黑色的斑帶，成蟲體長約 4~6 cm（圖 12-1）。

生殖季節大約在夏季（七、八月），可於早晨或黃昏時，植物公園裡較陰暗的石塊上或石牆邊發現正在交配。白天有群聚行為，成群躲藏於土中，晚間則分散於地面活動爬行，常出現於鄉間農田，散播方式可能與人為農作有關。多數時間生活在土壤底層，幫忙分解落葉，讓大塊的硬土變成鬆軟的小土壤，只有在每年七、八月繁殖期間才會出現在土壤表層，對人類來說是益蟲。

(a)

(b)

圖 12-1　磚紅厚甲馬陸

二、粗直形馬陸(*Asiomorpha coarctata*)

本種廣泛分布於臺灣各地，出現在居家附近的各種棲地。成蟲體長約 3 cm，身體呈背腹扁平，背板為黑色，每個體節兩邊各有一鮮黃色的斑塊（圖 12-2），是臺灣中部最常見的馬陸之一，有時會成群地大量出現，景象十分驚人，目前仍無法確認成群出現的原因。

(a) (b)

圖 12-2 粗直形馬陸

三、姬馬陸(*Nepalmatoiulus Sp.*)

屬於姬馬陸科，性喜陰暗處，行動緩慢，常見分布於低海拔山區；在植物園區各角落堆置的盆栽底下偶爾可見蹤跡。成蟲體長約 2~3 cm，體節約 40 節，淺褐色，體型瘦長，頭部小而圓，兩眼上有一條灰白色橫紋，觸鬚短，褐色，體背中央有一條不明顯的細線縱紋，體側除末數節外各節具黑斑，黑斑以下至腹面白色，各體節有 2 足，透明，趾尖（圖 12-3）。

(a)

(b)

圖 12-3 姬馬陸

四、擬旋刺馬陸(*Pseudospirobolellus avernus*)

本種普遍分布於臺灣各地，外型與磚紅厚甲馬陸極為相似，但體色為深褐色，觸角則為純白色，體型較小，一般體長約 2 cm（圖 12-4），有時會出現在植物園的樹上。擬旋刺馬陸的卵經常會隨著園藝用的培養土四處散布，因此，往往會出現在家中的陽台或盆栽底下。

(a)

(b)

圖 12-4 擬旋刺馬陸

12-2 馬陸的生態

馬陸生殖腺開口位於第三體節之腹面中央，行體內受精，雄體以位於第七體節處之生殖腳傳送精液入雌體。馬陸經常將卵成堆產於有機層表土並以糞渣襯裹，卵呈白色，卵外包裹一層透明黏性物質；雌馬陸可產約 300 顆卵，產卵後有孵育卵的習性，在適宜溫度下，卵經 20 天左右孵化為幼體，卵孵化後之初齡幼蟲具三對足，經 2~3 週時，變成具有七個體節之小馬陸。幼蟲通常脫皮 7~10 次，足及體節之數目隨每次脫皮而增加，數月後成熟。馬陸一年繁殖 1 次，壽命可活一年以上。

馬陸喜生活於落葉有機土層中，一般危害植物的幼根和幼嫩的小苗、嫩莖、嫩葉，以及常見的經濟花卉植物。其以腐爛的草根、落葉為食，少數為掠食性或食腐肉，多食腐植質，有時也損害農作物，但馬陸會分解落葉變成植物可用的有機質，故在生態系中扮演清除者的重要角色。

12-3 馬陸的習性

馬陸通常棲息於室外之石頭、朽木、腐菜、稻草堆、木材堆下及其他潮濕陰暗之隱蔽處，一般白天潛伏在泥土裡，待清晨或是黃昏時才出來活動，常出現在較陰暗的石塊上或石牆邊。在 16℃的低溫環境下，馬陸的活動力會下降，進而躲藏在住家地基附近之土壤中，或是靠近樹幹基部之覆蓋物下越冬，偶爾侵入住家之情形可能與天氣乾燥或尋找潮濕的越冬場所有關。

馬陸不是捕食性的動物，大多數種類為草食性，有些屬於食腐性，取食潮濕、腐爛之植物或動物屍體，對農作物不會有明顯為害。當受到驚擾或碰觸時，其長形身軀即捲曲成似同心圓環狀，或迅速鑽入土內、落葉下。

馬陸不會主動攻擊人畜，亦不具毒腺，某些種類具有防禦腺或黏液腺，其分泌物對某些動物屬有毒物質，有防禦敵害的作用；此類刺激性混合物（極臭的黃色液體）有腐蝕性，若觸及皮膚會造成刺激腫脹，引起水泡性皮膚炎，若是接觸眼睛或口部，可能導致嚴重發炎，因此最好不要用手直接碰觸，以防萬一。

12-4 馬陸的防治

鼬獾、鳥類、家養雞、蟾蜍、甲蟲、螞蟻和蜘蛛皆會捕食馬陸，可視上述者為馬陸自然界的天敵；而馬陸的防治之道，首應清除孳生源，如整理草地、清除地面腐爛植物或田園雜草堆。其環境防治方法和注意事項如下：

1. 移除非必要之地面覆蓋物，減少馬陸棲身之所。
2. 建築物外圍撒放生石灰，改變蟲害孳生環境。
3. 於建築物四周實施帶狀殺蟲劑（合成除蟲菊精類）噴灑處理，徹底將表土噴濕以確保藥效；家屋周圍較乾燥處亦可撒布粉劑。
4. 於土表或水泥使用可濕性粉劑，較使用其他劑型有更好的殘效。
5. 住家門口及其他出入口尤應注意並妥善處理。
6. 若室內有必要作藥劑處理時，應特別注意潮濕隱蔽處，如洗衣機下、浴室、汙水坑附近等。

課後複習

(　)1. 馬陸的體液及其分泌物含有何種化學物質？(A)甲酸　(B)蟻酸　(C)苯醌　(D)組織胺(Histamine)

(　)2. 雌體馬陸之生殖腺開口位於第幾體節之腹面中央？(A)第三體節　(B)第五體節　(C)第七體節　(D)尾端體節

(　)3. 雄體馬陸之生殖腳位於第幾體節？(A)第三體節　(B)第五體節　(C)第七體節　(D)尾端體節

(　)4. 在臺灣，磚紅厚甲馬陸的生殖季節大概在何時？(A) 5~6月　(B) 7~8月　(C) 9~10月　(D) 3~4月

(　)5. 下列何種馬陸是臺灣最常見的中、大型馬陸？(A)擬旋刺馬陸　(B)姬馬陸　(C)磚紅厚甲馬陸　(D)粗直形馬陸

(　)6. 卵孵化後之初齡馬陸幼蟲具幾對足？(A)二對足　(B)三對足　(C)四對足　(D)六對足

(　)7. 馬陸在生態系中扮演的重要角色為何？(A)食腐性動物　(B)草食性動物　(C)清除者　(D)以上皆是

解答｜CACBC　BC

CHAPTER 13

蜘 蛛

本章大綱

蜘蛛屬於節肢動物門(Arthropoda)，螯肢亞門(Chelicerata)，蛛形綱(Arachnida)，蜘蛛目(Araneae)，臺灣約有 39 科 122 屬 269 種，蜘蛛目是蛛形綱中數量最多的一個目。分布全世界，從海平面到海拔 5,000 m 處，均屬陸生。

蜘蛛眼睛 2~4 對，沒有咀嚼器官，有兩個體段（頭胸部和腹部），四對腳，每隻腳有七個節，節末有爪；肛門前有瘤狀突起的紡績器，由此抽絲織網、捕食昆蟲。蜘蛛大多是以肉食為主的掠食者，所有蜘蛛都可以注入毒液來保護自己或殺死獵物，為陸地生態系統最豐富的捕食性天敵，在維持農林生態系統穩定的作用不容忽視。

蜘蛛絲是一種絲蛋白，堅韌而富有彈性，可製作人造血管、人造肌腱，強度是鋼的 5~6 倍，亦可製成防彈衣，甚至曾用在狙擊槍的狙擊鏡管中，作為十字瞄準線。

13-1 蜘蛛的特徵

雌雄異體，雄體小於雌體，雄體觸肢跗節發育成為觸肢器，雌體於最後一次蛻皮后具有外雌器。體表為幾丁質外骨骼，身體明顯地分為頭胸部及腹部，二者之間往往由腹部第一腹節變成的細柄相連接，無尾節或尾鞭；頭胸部背面有背甲，背甲的前端通常有 8 個單眼，單眼分 2 列，前列眼和後列眼各 4 個單眼，依位置又分前中眼、前側眼、後中眼、後側眼；列眼依側眼和中眼的前後位置，再分為前曲、後曲或直線，擁有比蜻蜓最高準確十倍的視力。

蜘蛛有全節肢動物裡最集中的神經系統，感覺器官包含眼、各種感覺毛、聽毛、琴形器和跗節器，神經系統完全集中於頭胸部，咽上有腦（咽上神經節），尚有食管下神經節。裂縫感覺器官散布於身體或位於足關節附近，用以司振動覺或聽覺等。

蜘蛛的口器由螯肢、觸肢莖節的顎葉、上唇及下唇所組成，具有毒殺、捕捉、壓碎食物、吮吸汁液的功用；口器旁有二支短短的觸肢，相當於昆蟲觸角，含有觸覺、嗅覺和聽覺的功能。

頭胸部有附肢 6 對，第一、二對屬頭部附肢，其中第一對為螯肢，多為 2 節，基部膨大部分為螯節，端部尖細部分為螯牙，牙為管狀，螯節內或頭胸部內有毒腺，其分泌的毒液即由此匯出；第二對附肢稱為腳鬚，形如步足，但只具 6 節，基節近口部形成顎狀突起，可助攝食，雌蛛末節無大變化，而雄蛛腳鬚末節則特化為生殖輔助器官，具有儲精、傳精結構，稱觸肢器；第三至六對附肢為步足，由 7 節組成，末端有爪，爪下還有硬毛一叢，故適於在光滑的物體上爬行，不過蜘蛛的腳沒有伸肌，是靠液壓來伸展。

腹部不分節，其中有消化系統、心臟、生殖器官和絲腺。進食時先吐出消化液進行體外消化，再吸入液化的食物。毒腺可能起源於一種輔助消化腺；許多種蜘蛛的毒腺分泌物全是消化酶，有些種類的分泌物能制服捕獲物，甚至對抗掠食動物（包括脊椎動物）。兼具書肺及氣管，但直腭亞目只有書肺，合腭類僅具氣管。

蜘蛛以其生活及捕食方式，可大致分成結網性蜘蛛及徘徊性蜘蛛。

一、結網性蜘蛛

結網性蜘蛛腹部擁有絲囊的附屬肢，透過絲囊尖端的突起分泌黏液，黏液一遇空氣即凝結成細絲，可從腹部腺體擠出多達六種絲；其具有的輕質、強度和彈性遠超過了人造物質。絲網具有高度黏性，是蜘蛛的主要捕食手段，對黏上網的獵物注入棗消化酶，使之昏迷、抽搐，直至死亡，並使肌體發生液化，再以吮吸方式進食。

二、徘徊性蜘蛛

不會結網，而是四處遊走或就地偽裝來捕食獵物，詳見表 13-1。

▶ 表 13-1　臺灣常見的徘徊性蜘蛛

種類＼項目	白額高腳蛛	蟹蛛（花蜘蛛）	蠅虎	跳蛛
圖例	體長包括腳約 10 cm	體長約 4~5 mm	體長約 5.2 mm	體長約 6~8 mm
說明	即臺灣俗稱的旯犽（教育部用字：蟧蜈），以蟑螂為食物	會以花瓣、花蕊的顏色擬態，待昆蟲接近即捕食之	視力很發達；一般通過視力（30 cm 內）發現獵物並使用各種方式捕食；主要捕食蒼蠅	

13-2 蜘蛛的生態

一、結網性蜘蛛

結網蜘蛛的生態史流程，包括卵囊→若蛛團→遊絲→附著盤→曳絲／垂絲→網→捕帶／綑屍帶→精網；成長史可分成 4 個時期：胚胎期、幼蛛期、若蛛期、成蛛期。生態特性如下：

1. 卵囊：雌蛛產卵通常先產絲墊，再將卵產於絲墊，最後以絲包裹卵如繭，具有保溫、保濕、防水的功能。

2. 若蛛團：若蛛破卵囊而出，一般若蛛吐簡單的絲，絲絲相連在一起，若蛛就聚集在一團。
3. 遊絲：若蛛團準備各奔東西時，選擇好天候，若蛛各自爬到高處，由絲疣吐出絲，隨著風和上升氣流擴散。
4. 附著盤：停棲時，會用很多絲結成固定絲盤，以利穩固於上，並為曳絲／垂絲的起點。
5. 結網：捕蟲網。
6. 捕帶／綑屍帶：綑綁或包裹獵物。
7. 精網：雄蛛於交配前先織一個小網，承接生殖孔排出的精液，然後用觸肢前端膨大的觸肢器吸入精液暫存。
8. 繁殖：雄性蜘蛛的觸肢已演化成注射器，用來注射生殖器。為了避免在交配前被吃掉，雄蛛藉由種種複雜的求偶儀式來顯示自己的身分。雄性蜘蛛觸肢末端形成手套狀，可於交配時傳送精子，徘徊性雌蛛會利用觸肢攜帶卵囊。雌性蜘蛛會以絲編織蛋殼，可以容納幾百顆蛋；這些蜘蛛會孵化成看似小型的成年個體，牠們大部分無法進食，直到第一次蛻皮。
9. 壽命：大部分的蜘蛛壽命約 2 年，但捕鳥蛛科和其牠原疣亞目蜘蛛能夠在被飼養的狀態下存活 25 年。

二、徘徊性蜘蛛

徘徊性蜘蛛又稱遊獵性蜘蛛，不會結網，四處遊走或者就地偽裝來捕食獵物，如白額高腳蛛，即臺灣俗稱的喇牙（教育部用字：蟧蜈），以蟑螂為食物。另有中小型的蟹蛛亦不結網，會以花瓣、花蕊的顏色擬態，待昆蟲接近即捕食之，蠅虎、跳蛛也是如此。小型的遊獵性蜘蛛速度很快，也十分敏捷，所以其節肢比結網性蜘蛛來的發達。有的蜘蛛可以用網固定，保護自己，隨風飄行到別的地方捕食。

跳蛛視力很發達，一般通過視力發現獵物並使用各種方式捕食；狼蛛的視力僅次跳蛛，在各國基本都有分布，有穴居狼蛛挖洞等待獵物，也有遊獵狼蛛，一般四處跑，發現獵物後似狼般捕捉獵物。捕鳥蛛是大型蜘蛛，如今捕鳥蛛科內已有許多的屬種被人工飼養視作寵物，如智利紅玫瑰蜘蛛、宏都拉斯捲毛蜘蛛、藍寶石華麗雨林。

13-3 蜘蛛的習性

蜘蛛是肉食性，通常只能攝入液態食物，而絕大多數的蜘蛛都是獵捕活的小動物（圖 13-1），故當獵物被捕捉時，蜘蛛會以毒牙刺入捕獲物並注射毒液，將其制伏，直接將消化酶注入獵物體內，但若是下顎具齒狀突的蜘蛛，則會把獵物外殼咬碎，再將消化酶注入，此類現象稱體外消化。經消化的食物如糜爛的精力湯，由食道末端強而有力的吸胃將糜湯由口器吸入，並過濾固體殘渣。

圖 13-1　蠅虎捕食蒼蠅

蜘蛛毒液的成分相當複雜，主要是神經毒液，為多種不同分子量的毒蛋白混合而成，亦含有一些蛋白質分解酵素和胺類物質。蜘蛛的毒是為了捕捉獵物，其毒性依據獵捕的難易度而有差異，結網性蜘蛛的毒性相對較低，而徘徊性蜘蛛的毒性較高，不過絕大多數的毒對人類基本無太大影響。目前臺灣發現的蜘蛛較具毒性者不到 5 種，主要的傷害是傷口不易癒合，普遍屬徘徊性夜行蜘蛛，臨床無致死記錄。

13-4 蜘蛛的防治

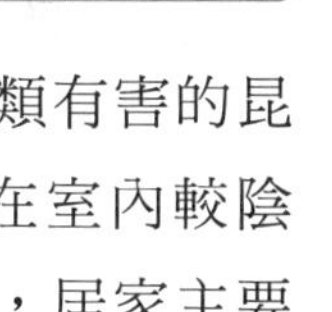

大部分的蜘蛛會在人類家中織網，透過蜘蛛網捕食對人類有害的昆蟲（如蚊子，尤其喜愛剛吸完血的雌蚊）；徘徊性蜘蛛會在室內較陰暗、潮濕處捕食害蟲，如蟑螂、蒼蠅等。在現代害蟲管理上，居家主要關心的是蜘蛛數量，若數量未達必須控管的標準，就無防治必要。而防止蜘蛛入侵建議使用驅除方式，如下：

1. 肉桂粉：灑在家中牆壁的邊緣縫隙。
2. 鹽水：製備 15 %的溫鹽水，噴在蜘蛛巢穴或是蜘蛛身上。
3. 白醋：製備 50 %的白醋溶液，噴在家中牆角與各種縫隙。
4. 椰子油：製備 30~40 %的椰子油與水混合溶液，噴在家中牆角與各種縫隙。
5. 橘子／檸檬皮：製備橘子或檸檬皮的浸泡溶液(1:1)，噴在蜘蛛巢穴或是蜘蛛身上。
6. 市售的薄荷、薰衣草、茶樹或是柑橘類等精油也可用作驅避劑。

課後複習

( ) 1. 下列何者屬於徘徊性蜘蛛？(A)白額高腳蛛　(B)蠅虎　(C)跳蛛　(D)以上皆是

( ) 2. 下列何者可視為蜘蛛的貢獻？(A)蜘蛛的毒素可治療腦溢血　(B)蜘蛛做為菜餚　(C)蜘蛛絲可製作人造血管　(D)以上皆是

( ) 3. 蜘蛛擁有比蜻蜓高準幾倍的視力？(A) 10倍　(B) 20倍　(C) 20~30倍　(D) 100倍

( ) 4. 對黏上網的捕獲物，蜘蛛會對其注入何種液體，使之昏迷、抽搐至死亡，並使肌體發生液化？(A)蛋白分解酶　(B)櫜消化酶　(C)幾丁質溶解酶　(D)有機溶解酶

( ) 5. 大部分的蜘蛛壽命約幾年？(A) 2年　(B) 3年　(C) 5年　(D) 10年

( ) 6. 蠅虎、跳蛛視力發達，一般視力約有多長的距離？(A) 10 cm　(B) 20 cm　(C) 30 cm　(D) 50~60 cm

( ) 7. 蜘蛛是運用何種方式來伸展牠們的腳？(A)伸肌　(B)液壓　(C)外骨骼肌　(D)彈性韌帶

( ) 8. 下列何者是蜘蛛毒液的主要成分？(A)蛋白質分解酵素　(B)胺類物質　(C)神經毒液　(D)以上皆是

( ) 9. 蜘蛛通常有幾顆單眼？(A) 2顆　(B) 4顆　(C) 6顆　(D) 8顆

( ) 10. 蜘蛛絲是一種絲蛋白，堅韌而富有彈性，強度是鋼的幾倍？(A) 1~2倍　(B) 3~4倍　(C) 5~6倍　(D) 12倍

解答 | DDABA　CBCDC

CHAPTER 14

恙蟲

本章大綱

恙蟲俗稱恙蟎或紅蟲，因成蟲體色而得名，恙蟎(Chigger Mites)屬於蛛形綱(Arachnida)、蜱蟎亞綱(Acari)，真蟎目(Acariformes)，恙蟎科(Trombiculidae)，纖恙蟎屬(Leptotrombidium)。臺灣已知的恙蟎種類有30 多種，其中以地里恙蟎(*Leptotrombidium deliense*)為主。

民眾常在立克次體、恙蟎與某些囓齒類動物共同存在的環境下感染恙蟲病，感染機會與在流行地區的活動旅遊史相關。恙蟲病為第四類法定傳染病，據疾病管制署監測資料顯示，臺灣全年皆有恙蟲病病例發生，流行季節主要為「夏季」，歷年通報數自 4~5 月開始上升、6~7 月達到高峰，9~10 月會出現第二波流行，於各縣／市皆有病例報告，以澎湖縣、金門縣、臺東縣、花蓮縣、南投縣及高雄市之病例數較多；而高雄市病例近年有增加的趨勢，尤其 2016 年與 2017 年恙蟲病確診病例達近5 年之高峰。

14-1 恙蟲的特徵

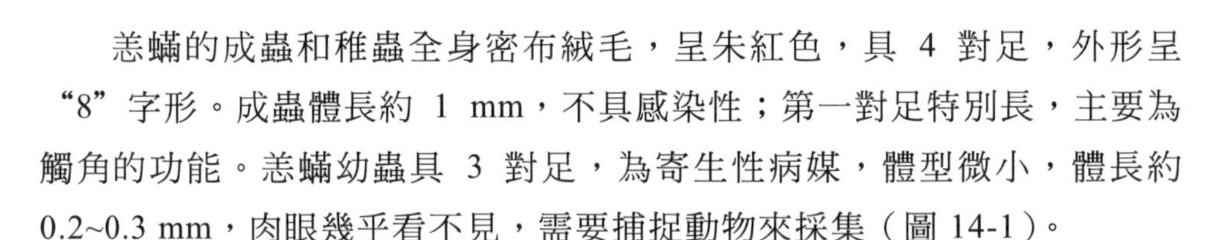

恙蟎的成蟲和稚蟲全身密布絨毛，呈朱紅色，具 4 對足，外形呈“8”字形。成蟲體長約 1 mm，不具感染性；第一對足特別長，主要為觸角的功能。恙蟎幼蟲具 3 對足，為寄生性病媒，體型微小，體長約0.2~0.3 mm，肉眼幾乎看不見，需要捕捉動物來採集（圖 14-1）。

恙蟎幼蟲多橢圓形，為紅、橙、淡黃或乳白色，剛孵出時體長約0.2 mm，會叮咬溫血動物，經飽食後體長可達 0.5~1.0 mm 以上。蟲體分為顎體和軀體兩部分，顎體位於軀體前端，由螯肢及須肢各 1 對組成，螯肢的基節呈三角形，端節的定趾退化，動趾變為螯肢爪；軀體背面的前端有盾板，呈長方形、矩形、五角形、半圓形或舌形，是重要的分類依據。多數種類在盾板的左右兩側有眼 1~2 對，位於眼片上。

(a)

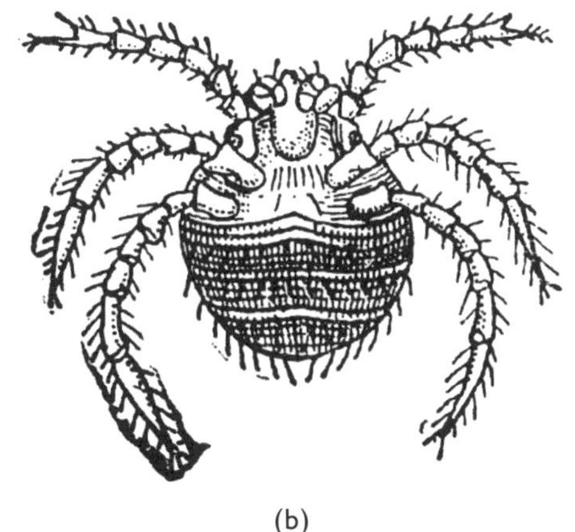

(b)

圖 14-1 地里恙蟎的成蟲和幼蟲

14-2 恙蟲的生態

恙蟎生活史分七個時期：卵、次卵、幼蟎、前若蟎、次若蟎、三若蟎和成蟎，僅幼蟲營寄生生活，其它各期皆營自由生活。地里恙蟎從卵到成蟎的時間為 58~76 天，於 18~28℃、相對潮濕度 90~100%的環境下最適合地理恙蟎的發育與生殖。

雌蟎產卵於泥土表層縫隙中，一生產卵 100~200 顆，平均壽命 288 天，卵呈球形，淡黃色，直徑約 0.15 mm，經 5~7 天卵內幼蟲發育成熟，卵殼破裂，逸出前幼蟲；經 10 天發育，幼蟲破膜而出，攀附在宿主皮薄而濕潤處叮刺，經 2~3 天飽食後墜落地面，再經若蛹、若蟲、成蛹發育為成蟲。若蟲、成蟲軀體多呈葫蘆形，體被密毛，紅絨球，有足 4 對。

地里恙蟎的幼蟎(Chigger)行寄生性生活，有足 3 對，寄主範圍包括哺乳類、鳥類、爬蟲類及甲殼類。若蟎與成蟎行自由生活，主要取食為動物性，如刺吸小節肢動物的卵、初齡幼蟲、軟體無脊椎動物的體液。

恙蟎幼蟲很小(0.2~0.3 mm)，肉眼幾乎看不見，多爬行於土壤上或停留於植物表面，如雜草尖端，再伺機落入經過之動物或人類身上，並吸取其組織液。叮咬處可能會出現焦痂(Eschar)（圖 14-2）。

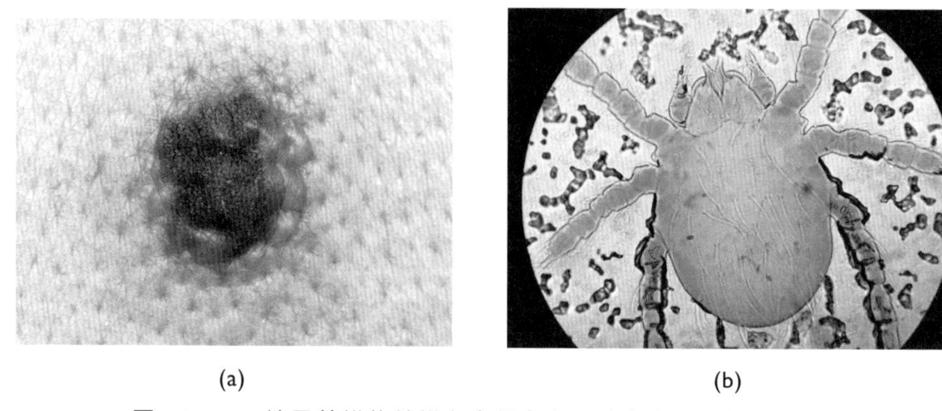

(a) (b)

圖 14-2 (a)地里恙蟎的幼蟎在人類身上叮咬處所形成的焦痂；(b)在傷口鏡檢下所發現的幼蟎

恙蟎的動物宿主包括囓齒類（老鼠）、哺乳類（羊、豬、貓、狗）、鳥類（鳥、雞）等，其中又以囓齒類為主。在臺灣，地里恙蟎的寄主主要為溝鼠(*Rattus norvegicus*)、屋頂鼠(*Rattus rattus*)、小黃腹鼠(*Rattus losea*)、家鼷鼠(*Mus musculus*)、錢鼠(*Suncus murinus*)、鬼鼠(*Bandicota nemorivaga*)、臺灣森鼠(*Apodemus semotus*)、臺灣天鵝絨鼠(*Eothenmys melanogaster*)等。

14-3 恙蟲的習性

恙蟎只有幼蟎會叮咬溫血動物，具感染性，在高溫潮濕且雜草叢生處（如荒野、草地、山谷、田園等）野生小哺乳動物和恙蟎會共同形成流行島(Typhus Island)。恙蟎喜歡停留於草叢中，伺機落入經過之動物或人類身上，因此，行走於草叢間遭恙蟎叮咬而罹患恙蟲病的機會較高。恙蟎會經卵傳遞病原體，其幼蟎因為寄生性須吸取脊椎動物之組織液，大都叮咬在皮膚柔軟處，由其唾液傳播病原體。

恙蟎成蟲和若蟲主要以土壤中的小節肢動物和昆蟲卵為食，幼蟎則以人類宿主被分解的組織和淋巴液為食。幼蟎在宿主皮膚叮刺吸吮時，以螯肢爪刺入皮膚，注入唾液，使宿主組織出現凝固性壞死，並形成一條小吸管（稱為莖口）通到幼蟲口中，被分解的組織和淋巴液通過莖口進入幼蟲消化道。幼蟎在人體的寄生部位常發現於腰部、腋窩、腹股溝和陰部等處。

恙蟎的活動受溫度、濕度、光照及氣流等因素影響，多數種類需要溫暖潮濕的環境；恙蟎幼蟲有向光性，但光線太強時反而會停止活動。幼蟲對宿主的呼吸、氣味、體溫和顏色等很敏感，宿主行動時的氣流可刺激恙蟎幼蟲。

恙蟎幼蟲活動範圍很小，一般不超過 1~2 m，垂直距離 10~20 cm，一分鐘可在人體上爬行 5.2 cm，常聚集在一起呈點狀分布，稱為蟎島(Mite Island)。幼蟲喜群集於草樹葉、石頭或地面物體尖端，有利於攀登宿主；宿主遭具傳染性的恙蟎幼蟲叮咬，經由其唾液感染立克次體，但不會直接由人傳染給人，在臺灣，恙蟲病的病媒主要是地里恙蟎。

幼蟲在水中能生活 10 天以上，故洪水及河水泛濫等會促使恙蟎擴散，此外，幼蟲亦會隨宿主動物而擴散。

14-4 恙蟲的防治

恙蟲病又稱為叢林型斑疹傷寒(Scrub Typhus)，是由立克次體(*Orientia tsutsugamushi*)所引起的疾病；臺灣全年皆有恙蟲病病例發生，流行季節主要為夏季。人類是經由帶有立克次體的恙蟎幼蟲叮咬而感染恙蟲病，恙蟎的動物宿主則以鼠類為主。

感染立克次體的恙蟎，會經由遺傳而帶有立克次體，於其 4 個發育期各階段均保有立克次體，成為永久性帶菌，恙蟲病不會人傳人，是被具傳染性的恙蟎幼蟲叮咬時，立克次體經由恙蟎唾液並透過叮咬部位傷口進入人體而感染，臨床症狀包括猝發且持續性高燒、頭痛、背痛、惡寒、盜汗、淋巴結腫大、恙蟎叮咬處出現無痛性的焦痂、一週後皮膚出現紅色斑狀丘疹，有時會併發肺炎或肝功能異常，若無適當治療，死亡率高達 60%。

一、預防措施

1. 為避免被具感染性的恙蟎附著叮咬，應穿戴長袖衣褲、靴子、手套等；若在高危險地區則最好穿著浸潤有殺恙蟎藥(Permethrin or Benzyl Benzoate)的衣服及毛毯，以及施用防恙蟎劑(Deet、Diethyltoluamide、Picaridin、IR3535)於皮膚表面，並每日沐浴換洗全部衣物。如發現手、足等部位有被咬的傷口，可塗抹含有抗生素的軟膏，減低發病。

2. 離開草叢後應盡快沐浴並更換全部衣物，避免恙蟎附著和叮咬，降低感染風險。

3. 在特殊地區，如營地周圍的地面、植物、礦坑建築物和地方性疾病的流行區使用有效的環境衛生用藥（百滅寧、第滅寧、賽滅寧、撲滅松等）以消滅恙蟎。

4. 剷除雜草；尤其在住宅附近、道路兩旁以及田埂等人群接觸頻繁的草地。如情況容許，可用焚燒法減低恙蟎密度。

5. 於恙螨密度降至相當少的數量後即進行滅鼠工作，以降低人類暴露於恙螨的感染機會。

二、管制病人、接觸者及周圍環境

1. 報告當地衛生主管機關：恙蟲病依傳染病防治法屬第四類法定傳染病，應於一週內通報。
2. 環境管制：高危險地區施行剷除雜草和曝晒陽光，以改變恙螨生活環境，減低其密度。
3. 進行滅鼠工作，避免鼠類孳生。
4. 接觸者及感染源的調查：調查確實感染地點和前往該地點的目的。
5. 特殊療法：口服四環黴素(Tetracycline)，每日分次投藥，直到不發燒（通常需 30 小時）。若在發病後 3 天內開始治療，則間隔 6 天後需再給予第二療程的抗生素治療，否則可能再發病（較早期的給藥和某些復發情形有關）。

三、防治策略

在感染地區嚴格執行預防措施；告誡閒人勿進入該地區活動，並呼籲出入之工作人員或居民，一旦發燒或出現初期症狀應立即就醫。

課後複習

( )1. 恙蟲之生活史中，哪個蟲期會傳染恙蟲病？(A)幼蟲期 (B)若蟲 (C)成蟲 (D)以上皆是

( )2. 恙蟎通常叮咬幾天才能完全吸飽，脫離宿主？(A) 1~2天 (B) 2~3天 (C) 2~4天 (D) 5~7天

( )3. 恙蟲之流行病高峰期約在每年的何時？(A) 4~5月 (B) 6~7月 (C) 9~10月 (D) 11~12月

( )4. 地里恙蟎(*Leptotrombidium delicense*)生活史中哪一個齡期是營寄生生活？(A)幼蟲期 (B)若蟲期 (C)成蟲前期 (D)成蟲期

( )5. 恙蟲病若沒有接受適當治療，死亡率可達多高？(A) 10~15% (B) 20~25% (C) 35~45% (D) 60%

( )6. 地里恙蟎在人體上的爬行速度為何？(A) 3.5 cm/min (B) 5.2 cm/min (C) 6.5 cm/min (D) 8.5 cm/min

( )7. 恙蟎幼蟲會叮咬溫血動物，經飽食後其體長可達多長？(A) 0.2~0.4 mm (B) 0.5~1.0 mm (C) 1~2 mm (D) 4~5 mm

( )8. 宿主遭具傳染性的恙蟎幼蟲叮咬，可經由其唾液使宿主感染下列何種病原體？(A)鉤端螺旋體 (B)疏螺旋體 (C)立克次體 (D)地里螺旋體

( )9. 恙蟲病又稱為叢林型斑疹傷寒(Scrub Typhus)，是由何種致病原所引起的疾病？(A) *Orientia tsutsugamushi* (B) *Leptotrombidium delicense* (C) *Salmonella typhi* (D) *Chigger mites*

( )10. 在臺灣，恙蟲病被疾病管制署歸類為第幾類法定傳染病？(A)第一類 (B)第二類 (C)第三類 (D)第四類

解答｜ABBAD BBCAD

CHAPTER 15

室塵蟎

本章大綱

室塵蟎（學名：*Dermatophagoides* Spp.；英語：House Dust Mite）屬於節肢動物門(Arthropoda)、螯肢亞門(Chelicerata)，蛛形綱(Arachnida)、蜱蟎亞綱(Acari)，恙蟎目(Trombidiformes)，塵蟎科(Pyroglyphidae)，塵蟎屬(Dermatophagoides)，是一種 8 隻腳的微小蛛形綱節肢動物。

臺灣位於亞熱帶（東經 120~122°、北緯 22~25°），屬海島型氣候，終年溫暖潮濕、人口與住家密集，是塵蟎繁殖生長的理想環境。人體脫落的皮屑為其食物來源，人類體溫是最適合牠們存活的溫度，加上睡覺時會出汗和呼吸帶有水氣，亦提供適宜的濕度，故室塵蟎與人類常常共處一室。

臺灣居家常見的過敏原以塵蟎最多，約占 90%以上；臺灣常見的室塵蟎有 16 種，以歐洲室塵蟎為最大宗(55~75%)，美洲室塵蟎及熱帶無爪蟎(25~29%)次之。

15-1 塵蟎的特徵

塵蟎(Dust Mite)是一種 8 隻腳的微小蛛形綱節肢動物，和蜘蛛的形體不同，塵蟎為整體的軀體，全身呈乳白色或紅色，體長約 0.1~0.4 mm。塵蟎的身體 75%以上由水分組成，在低倍率（40 倍）的光學顯微鏡下觀察，體軀呈透明狀。

軀體前方有口器，藉此攝食與攝取水分，口器有一對螯肢、一對須肢及口下板，通常統稱為顎體；螯肢為取食器官，須肢具有感覺作用。口的開始部分位於兩須肢中間的下方，成對的腺體開口於軀體表面，如基節上腺、唾液腺、末體背側腺，基節上腺開口於第 1 對足的上面，其功能是從潮濕的空氣中獲取水分。

塵蟎具有鉗子狀足，足分為 6 節，包括基節、轉節、股節、膝節、脛節和跗節，足末端帶有吸盤，可抓握物體或附著於皮屑毛髮。歐洲室塵蟎(*Dermatophagoides pteronyssinus*)、美洲室塵蟎(*Dermatophagoides farinae*)和熱帶無爪蟎(*Blomia tropicalis*)是臺灣常見的 3 種室塵蟎（圖 15-1）。

(a)　(b)　(c)

圖 15-1　臺灣常見的 3 種室塵蟎。(a)歐洲室塵蟎（體長約 350 μm）；(b)美洲室塵蟎（體長約 250 μm）；(c)熱帶無爪蟎（體長約 250 μm）

塵蟎具特有的消化系統，消化的食物會被一層薄膜團團包圍，再排出體外；一隻塵蟎每天能夠製造至少 20 多團排泄物，而此類富含酵素的排泄物（直徑約 10~20 μm）輕而易飛揚在空氣中，吸入後即會造成過敏反應，是引致鼻敏感、哮喘病發作的罪魁禍首。

15-2 塵蟎的生態

蟎類的生命週期包含 4 個階段：卵、幼蟲（3 對足）、若蟎（4 對足）及成蟲（4 對足）。成蟲之後進行有性生殖，從卵到成蟲的整個生長過程受到外界濕度及溫度的影響很大，雌蟲一生約會產下 20~50 顆卵（最多可到 300 顆），完成一世代僅需 20~30 天，平均壽命 3 個月。如果以最少的一對塵蟎來計算，一個月可變 60 隻，60 隻再過 30 天即變成

3,600 隻，繁殖非常快，但當環境溫度下降至 16℃以下時，其存活率會降低，若相對濕度至 40%以下則無法存活。

歐洲室塵蟎最喜愛的溫度是 25℃，故臺北地區以歐洲室塵蟎為主（占 82.2%）；而美洲室塵蟎較不怕熱，喜歡的溫度為 28℃，故以高雄、屏東及臺東地區為主（占 29%），至於熱帶無爪蟎的生長特性尚不清楚，但南部（占 25.4%）較北部地區為多。

人類主要是對塵蟎屍體及排泄物過敏，易過敏者接觸到便可能發生氣喘、打噴嚏、流鼻水、鼻塞、過敏性結膜炎、異位性皮膚炎等症狀。不論是哪種塵蟎，其排泄物皆會在整理床單、被褥時飛揚在空氣中；根據統計，居家每公克灰塵之家塵蟎數目超過 500 隻時，其排泄物的總量就可能造成過敏，而臺灣家庭中之塵蟎數目有 20%以上超過 100 隻。

15-3 塵蟎的習性

塵蟎最喜歡生長在溫暖潮濕的環境中，適合生長的溫度為 22~26℃、濕度為 70~80%。臺灣 75%的住家中充斥著塵蟎，室內每公克灰塵中平均隱藏著 2,000~10,000 隻塵蟎，其分泌物、排泄物、卵、褪皮、蟲體本身、屍體碎屑等微小質輕，容易飛揚在空氣中被人類吸入；居家床墊、床鋪、棉被、枕頭、地毯、沙發、草蓆、榻榻米、窗簾、毛巾、衣物、布偶等都可棲身，根據衛生福利部(Ministry of Health and welfare; MHW)調查顯示，70~80%的塵蟎可在臥室床墊、棉被及枕頭中被找到，其餘 20~30%則是在地毯、沙發及布娃娃中。

蟎的食性複雜，舉凡人類或動物脫落的皮屑與毛髮、動植物纖維、昆蟲碎屑、植物、黴菌、酵母菌等，皆為其食物來源。塵蟎一天可產生 20~30 顆糞便、排泄 20~30 次，糞便大小約 10~20 微米(μm)，一生可製造多達其體積 200 倍的排泄物，能夠在靜止的空氣中懸浮長達 20 分鐘才落到地面。排泄物為水溶性，可溶於任何潮濕的表面，如人體濕潤的呼吸道與肺部，引發過敏反應。

國民健康署 2017 年的國民健康訪問調查報告指出，引發 12 歲以下兒童氣喘的因素前 3 名依序為病毒感染、塵蟎及氣溫急遽變化。近 10 年來，國人過敏成長 3 倍，如臺北市衛生局於 2008 年發布的統計數據中，國小一年級學童過敏原檢測，塵蟎占 90.79%；學童過敏來自父母遺傳機率高達 7 成。

15-4 塵蟎的防治

塵蟎防治概念以居家防治為首要（圖 15-2），要點如下：

1. 溫度：室塵蟎喜歡在 25~35℃間生長，若把溫度降到 15℃或升高到 45℃便會死亡。
2. 濕度：室塵蟎喜歡在 75%的濕度生活，如果把濕度降到 40%以下則無法生存。
3. 室塵蟎的食物主要是人的皮屑、發霉食品及狗／貓口水、皮屑、蟑螂排泄物、屍體等有機物質，若屋內食物多則繁殖快，反之會餓死。
4. 臺灣每年 7~8 月是塵蟎生長繁殖季節，此時加以防治，如定期曝曬、清洗棉被及枕頭、清潔地毯，少用床墊，可以降低氣喘病發作。

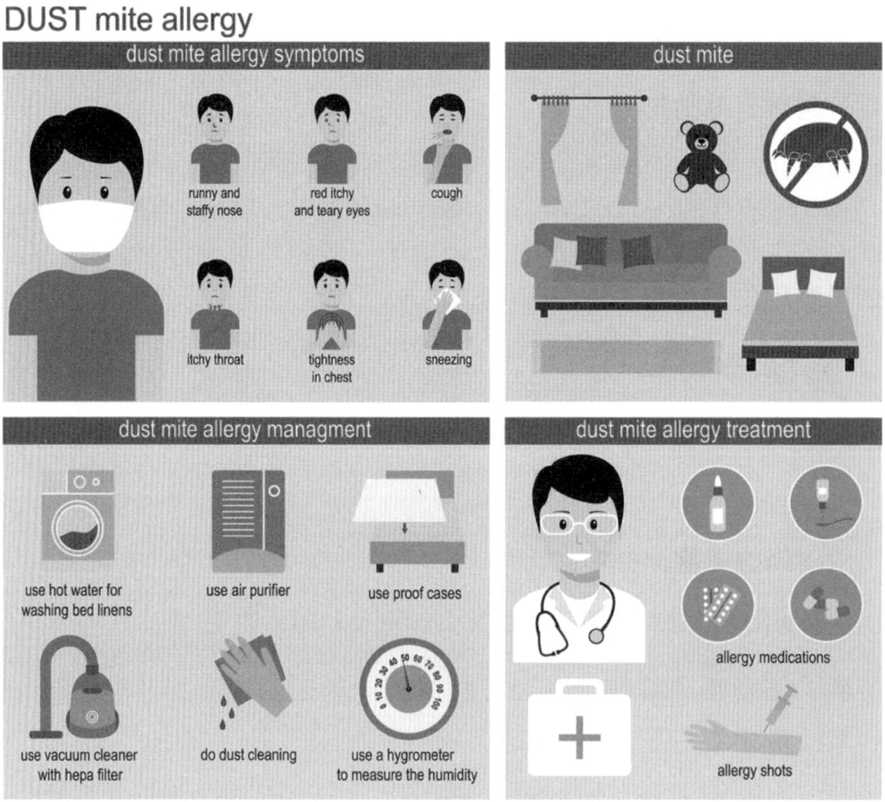

圖 15-2　居家塵蟎防治概念

根據以上概念，居家塵蟎防治可由環境管理、物理防治和化學防治三方面處理。

一、環境管理

1. 定期清掃居家環境、寢具選用合成纖維、蠶絲製品，避免毛類製品。
2. 每年定期請專人清洗冷（暖）氣內部。
3. 選用洗衣機可清洗的床墊、棉被；枕頭使用防蟎床套。
4. 使用有 HEPA 濾網的空氣清淨機、吸塵器。

5. 家中地毯及窗簾容易積灰塵，需定時用吸塵器清潔，避免塵蟎孳生。
6. 若有飼養有毛動物，需經常洗澡。
7. 打掃時避免揚塵或帶上口罩。
8. 減少填充絨毛娃娃、衣物收拾整齊放入衣櫃。
9. 建議使用皮革沙發或木製家具。

二、物理性防治

1. 維持居住空間相對濕度 60%以下，但勿低於 30%，可能造成人體不適。
2. 使用除蟎空氣濾淨機或吸塵器去除空氣中的灰塵及過敏原。
3. 選用有隔離塵蟎及其排泄物效果的寢具。
4. 定期曝曬寢具，以 55℃以上的溫度清洗、熱烘或熨斗熨燙寢具。
5. 使用防蟎套包覆床墊。
6. 使用高效能吸塵器並勤更換集塵內袋。
7. 可將小衣物或填充玩具放入冷凍庫中 24 小時（16℃以下會促使塵蟎的存活率下降，而 0℃以下可凍死塵蟎），冰凍後再以清水洗滌。

三、化學性防治

1. 使用塵蟎討厭的植物，如茶樹、桉樹（尤加利樹）等製成的精油做為驅蟎劑。
2. 利用殺蟲劑或防蟎製劑噴於環境中。
3. 噴灑益菌於環境中，分解塵蟎排泄物等過敏原和塵蟎之食物。
4. 使用殺塵蟎洗劑清洗衣物、寢具、窗簾等。

課後複習

( ) 1. 室塵蟎(House Dust Mite)是一種8隻腳的微小蛛形綱節肢動物，其體長約多少？(A) 1 μm (B) 0.1~0.4 mm (C) 1~2 mm (D) 3~5 mm

( ) 2. 在臺北地區的室塵蟎主要為下列哪一品種？(A) 歐洲塵蟎 (B) 美洲塵蟎 (C) 熱帶無爪蟎 (D) 腐食酪蟎

( ) 3. 高雄、屏東及臺東地區的室塵蟎主要為下列哪一品種？(A)歐洲塵蟎 (B)美洲塵蟎 (C)熱帶無爪蟎 (D)腐食酪蟎

( ) 4. 臺灣每年幾月為室塵蟎的生長繁殖季節？(A) 3~4月 (B) 5~6月 (C) 7~8月 (D) 10~12月

( ) 5. 臺灣地區75%的住家中充斥著塵蟎，室內每公克灰塵中平均隱藏著多少隻？(A) 500~1,000隻 (B) 1,000~2,000隻 (C) 2,000~10,000隻 (D) 12,000~15,000隻

( ) 6. 人體接觸多少量的塵蟎／公克灰塵，便容易誘發過敏症狀？(A) 500~1,000隻 (B) 1,000~2,000隻 (C) 2,000~10,000隻 (D) 12,000~15,000隻

( ) 7. 塵蟎的排泄物輕而易飛揚在空氣中，被人類吸入造成過敏反應，其直徑約多大？(A) 1 μm (B) 0.1~0.4 μm (C) 1~2 mm (D) 3~5 μm

( ) 8. 當環境溫度降至幾度以下時，塵蟎的存活率會降低？(A) 16℃ (B) 18℃ (C) 20℃ (D) 24℃

( ) 9. 當環境相對濕度降至多少以下，塵蟎即無法存活？(A) 40%RH (B) 50%RH (C) 60%RH (D) 70%RH

( ) 10.一隻塵蟎一天約可以產生多少顆糞便？(A) 10~15顆 (B) 20~30顆 (C) 35~40顆 (D) 45~50顆

( ) 11.塵蟎的糞便一旦被干擾到，可以在靜止的空氣中懸浮長達多久時間，才會落到地面？(A) 5分鐘 (B) 10分鐘 (C) 15分鐘 (D) 20分鐘

( ) 12.塵蟎一生可製造多達其體積幾倍的排泄物？(A) 50倍 (B) 100倍 (C) 200倍 (D) 250倍

解答 | BABCC AAAAB DC

MEMO

CHAPTER 16

人疥蟎

本章大綱

人疥蟎，或稱疥蟲，屬節肢動物門(Arthropoda)、螯肢亞門(Chelicerata)，蛛形綱(Arachnida)、蜱蟎亞綱(Acari)，真蟎目(Acariformes)，疥蟎科(Sarcoptidae)，疥蟎屬(Sarcoptes)，是一種永久性寄生蟎類，世界性分布。

寄生於人體的主要是疥蟎屬的疥蟎(*Sarcoptes scabiei* Var. *hominis*)，是一類永久性的皮內寄生蟲，可引起頑固的皮膚病—疥瘡(Scabies)。除寄生於人體外，亦寄生於哺乳動物，如牛、馬、駱駝、羊、犬和兔等的身體上。

16-1 人疥蟎的特徵

疥蟎成蟲體近圓形或橢圓形，體軀不分節，背面隆起，呈乳白或淺黃色，雌蟎大小為 0.3~0.5×0.25~0.4 mm；雄蟎為 0.2~0.3×0.15~0.2 mm。成蟎與若蟎有 4 對足，幼蟎只有 3 對足。

顎體短小，位於體前端，螯肢如鉗狀，尖端有小齒，適於囓食宿主皮膚的角質層組織，須肢分三節。無眼睛，軀體背面有橫形的波狀橫紋和成列的鱗片狀皮棘，軀體後半部有幾對桿狀剛毛和長鬃；腹面光滑，僅有少數剛毛和 4 對足，足短粗，分 5 節，呈圓錐形（圖 16-1）。雌、雄蟎前 2 對足的末端均有具長柄的爪墊，稱吸墊(Ambulacra)，為感覺靈敏部分。

雌蟎的產卵孔位於後 2 對足之前的中央，呈橫裂縫狀，雄蟎的外生殖器位於第 4 對足之間略後處。兩者的肛門都位於軀體後緣正中，後半體無氣門。

疥蟎的特徵與恙蟲、塵蟎類似，具體區分如表 16-1 所示。

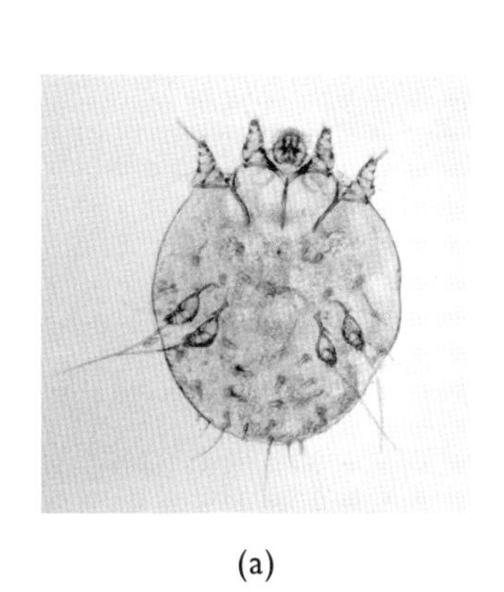

(a)

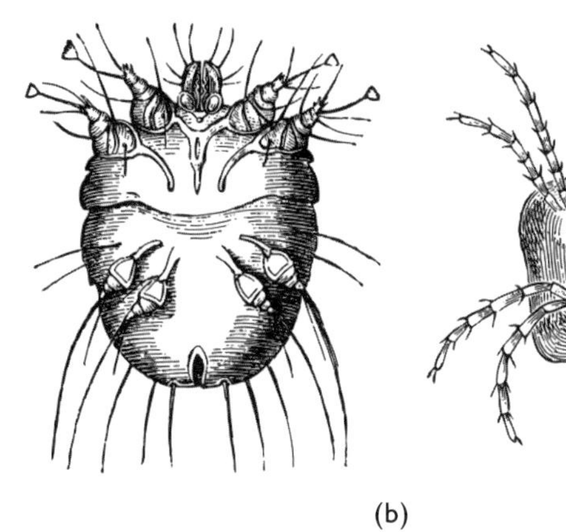

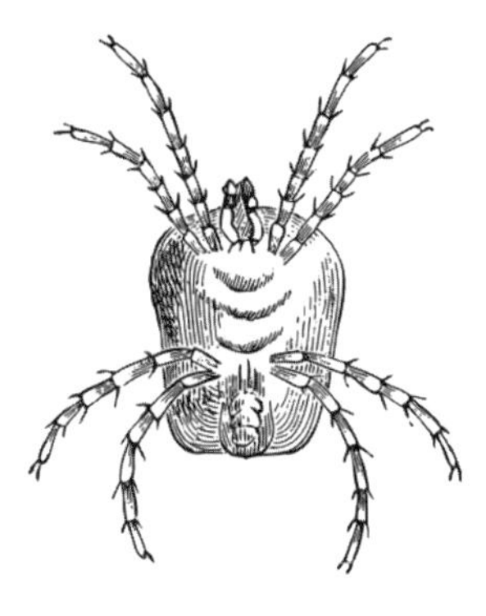

(b)

圖 16-1 人疥螨

▶ 表 16-1 疥螨、恙蟲、塵螨三者的比較

項目＼種類	疥螨	恙蟲	塵螨
綱	蜱蟎亞綱(Acari)		
目	真蟎目 (Acariformes)		恙蟎目 (Trombidiformes)
科	疥蟎科 (Sarcoptidae)	恙蟎科 (Trombiculidae)	塵蟎科 (Pyroglyphidae)
屬	疥蟎屬 (Sarcoptes)	纖恙蟎屬 (Leptotrombidium)	塵蟎屬 (Dermatophagoides)
成蟲體形與大小	橢圓形 0.2~0.4 mm	“8”字形 1 mm	橢圓形 0.1~0.4 mm
對人體的危害	寄生在人體皮膚表皮角質層間，囓食角質組織	吸取人體的組織液，叮咬處會出現焦痂(Eschar)	易過敏的人接觸到會發生氣喘、過敏性結膜炎、異位性皮膚炎

▶表 16-1　疥蟎、恙蟲、塵蟎三者的比較（續）

項目＼種類	疥蟎	恙蟲	塵蟎
傳播疾病	疥瘡(Scabies)	叢林型斑疹傷寒(Scrub Typhus)	臺灣居家常見過敏原
流行病學	在人群密集的環境傳播特別快，如護理之家、長期照護中心、監獄、宿舍、軍隊	流行季節主要為夏季，4~5 月開始上升，6~7 月達高峰	室塵蟎發生高峰季為 4~5 月與 10~11 月

16-2 人疥蟎的生態

人疥蟎生活史分為卵、幼蟲、前若蟲、後若蟲和成蟲五個蟲期（圖 16-2）。疥蟎寄生在人體皮膚表皮角質層間，嚙食角質組織，並以其螯肢和足跗節末端的爪在皮下開鑿一條與體表平行而彎曲的隧道，雌蟲就在此隧道產卵。

疥蟎交配一般是在晚間，於人體皮膚表面進行，由雄性成蟲和雌性後若蟲完成。雄蟲大多在交配後不久即死亡；雌後若蟲在交配後 20~30 分鐘內鑽入宿主皮內，蛻皮為雌蟲，2~3 天後在隧道內產卵。每日可產 2~4 顆卵，一生共可產卵 40~50 顆，雌蟎壽命約 5~6 週。

疥蟎的卵呈圓形或橢圓形，淡黃色，殼薄，大小約 80×180 μm，產出後經 3~5 天孵化為幼蟲，幼蟲足 3 對，2 對在體前部，1 對近體後端。幼蟲生活在原隧道或另鑿隧道，經 3~4 天蛻皮為前若蟲。若蟲似成蟲，有足 4 對，前若蟲生殖器尚未顯現，約經 2 天後蛻皮成後若蟲；雌性後若蟲產卵孔尚未發育完全，但陰道孔已形成，可行交配。後若蟲再經 3~4 天蛻皮而為成蟲。疥蟎完成一代生活史需時 8~17 天。

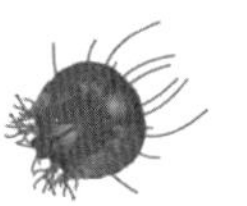

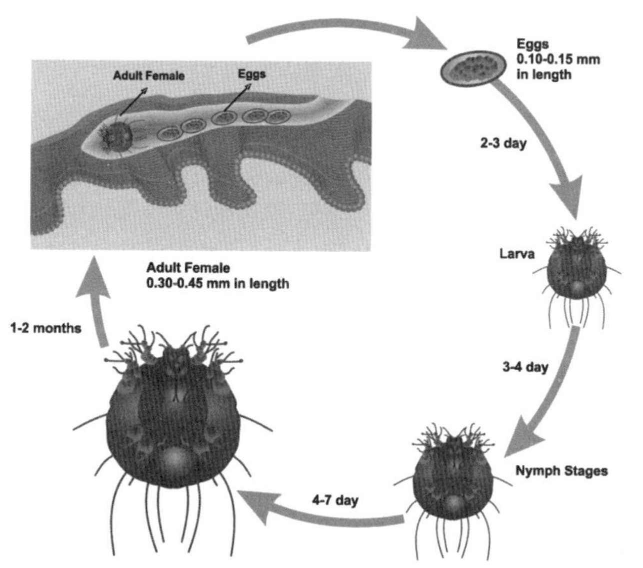

圖 16-2 人疥蟎生活史；分為卵、幼蟲、前若蟲、後若蟲和成蟲五個蟲期

16-3 人疥蟎的習性

人和哺乳動物的皮膚表皮層內為疥蟎的生活環境，因濕度高及溫度低有助其生存。室溫下，人疥蟎離開人體皮膚尚可存活 2~4 天，在礦物油(Mineral Oil)中可存活 7 天之久，但於 50℃的環境 10 分鐘即死亡，而卵在室溫下約可存活 10 天。其生活習性有以下三大特徵。

一、寄生人體

人疥蟎常寄生於人體皮膚較柔軟、嫩薄之處，多見於指間、腕屈側、肘窩、腋窩前後、腹股溝、外生殖器、乳房下等處；在兒童則全身皮膚均可被侵犯。

二、挖掘隧道與活動

人疥蟎寄生在宿主表皮角質層深處，以角質組織和淋巴液為食，並以螯肢和前跗爪挖掘，逐漸形成一條與皮膚平行的蜿蜒隧道，最長可達 10~15 mm；雌蟎所挖的隧道最長，每天能挖 0.5~5 mm，每隔一段距離有小縱向通道通至表皮。

交配受精後的雌蟎最為活躍，每分鐘可爬行 2.5 cm，此時也是最易感染新宿主的時期。

三、溫濕度的影響

雌性成蟲離開宿主後的活動、壽命及感染人的能力與所處環境的溫度和相對濕度有關。溫度較低、濕度較大時壽命較長，而高溫、低濕則對其生存不利。雌蟎最適擴散的溫度為 15~31℃，有效擴散時限為 1~7 天，在此時限內活動正常並具感染能力。

16-4 人疥蟎的防治

疥瘡，俗稱「癩」，流行廣泛，遍及世界各地，雌蟲是主要傳播疥瘡的病原，通常只需 10~15 隻左右的蟎，就能造成症狀；疥蟲非常小，極難以肉眼辨識，大多藉由臨床症狀來協助診斷。疥蟎會寄居在皮膚中以皮屑為食，並在其中產卵，引發宿主產生過敏現象，典型症狀為皮膚劇癢且夜間更為嚴重，同時出現很小卻引起劇癢的水泡、膿疱，病人因不斷抓癢造成皮膚破裂，繼而細菌感染或發展為濕疹。

疥瘡的傳播方式主要經由與病人有所接觸（至少 10 分鐘），如握手、同床等，特別是在晚間睡眠時，疥蟎於宿主皮膚上爬行和交配，傳播機會更高，而公共浴室的休息室與更衣間亦是重要的社會傳播場所；

幼兒園的幼童、大家庭、養護中心和監獄等狹窄環境，皆會提高疥瘡傳染的機率。此外，缺水的地區傳播疥瘡的可能也較高。動物的疥蟎亦可傳至人體，特別是患疥瘡的家畜、寵物。

人疥蟎的傳播和感染與衛生狀況有關，受感染的衣物和被褥也可能傳播疥蟎，帶有疥蟎者即便未出現症狀，也已具備傳播疾病的能力。結痂型疥瘡(Crusted Scabies)是較嚴重的表現，通常發生於免疫系統不全的病人（圖 16-3），此類病人身上常常會聚居多達數百萬隻疥蟲，傳染性極強，僅需稍微接觸病人或是觸及病人物品便可能遭到傳染。

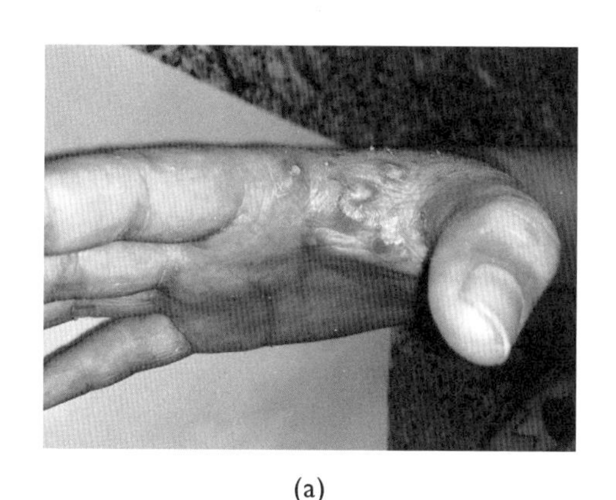
(a)

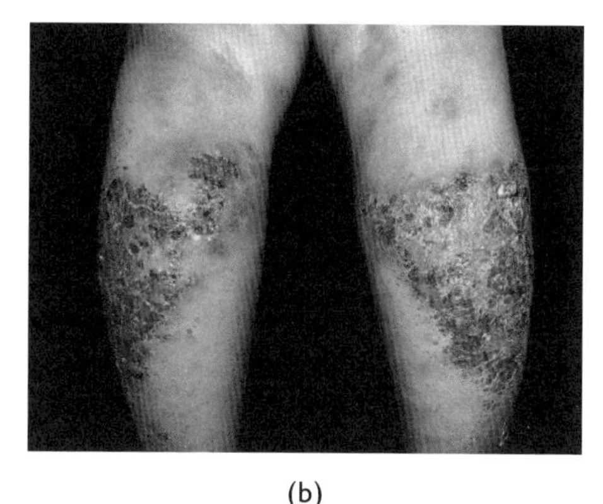
(b)

圖 16-3　結痂型疥瘡

預防人疥蟎與治療疥瘡，已被列為公共衛生的傳染病議題，茲建議如下：

1. 加強衛生宣導，注意個人衛生：避免與病人接觸或使用病人的衣被。
2. 預防性處理毛巾和衣物：可在熱水中加入硼砂進行洗燙。
3. 消毒：病人衣物需煮沸／蒸氣消毒處理，或撒上林丹(Lindane)粉劑；床墊、被褥等無法煮沸的物品可在太陽下曝曬消毒。

4. 藥物治療：治療疥瘡的常用藥物包括百滅寧、丁烯醯苯胺、美西乳膏或做成藥片的伊維菌素等。塗藥前需洗淨患部，塗藥時全身皆要塗抹，特別注意指縫等不易塗敷部位均須徹底用藥。治療後觀察 1 週左右，如無新皮損出現，方能認為痊癒。

課後複習

( )1. 疥蟎以螯肢和前跗爪挖掘，逐漸形成一條與皮膚平行的蜿蜒隧道，最遠可達多長？(A) 6~9 mm (B) 10~15 mm (C) 2~5 cm (D) 6~9 cm

( )2. 雌疥蟎所挖的隧道每天能挖多長？(A) 0.5~5 mm (B) 6~9 mm (C) 10~15 mm (D) 1~2 cm

( )3. 疥蟎離開宿主後還可生存幾天？(A) 1~2天 (B) 3~10天 (C) 12~14天 (D) 15~21天

( )4. 疥蟎寄生在人體皮膚表皮角質層間，會嚙食下列何種組織？(A)皮下組織 (B)淋巴組織 (C)角質組織 (D)脂肪組織

( )5. 雌性疥蟎後若蟲在交配後多久內，會鑽入宿主皮內，蛻皮為雌蟲？(A) 1~2天 (B) 3~5天 (C) 10~15分鐘 (D) 20~30分鐘

( )6. 人疥蟎傳播疥瘡通常是因為與病人接觸至少多久，而遭到傳染？(A) 10分鐘 (B) 20~30分鐘 (C) 1~2小時 (D) 1~2天

( )7. 人疥蟎在人體皮膚表皮角質層間有效擴散時限為多久？在此時限內活動正常並具感染能力？(A) 1~7天 (B) 10~12天 (C) 15~21天 (D)永久性皮內寄生

解答 | BABCD AA

MEMO

CHAPTER 17

常見蚊蟲

本章大綱

蚊類屬雙翅目蚊科(Culicidae)，為重要的醫學昆蟲，在全球大部分地區被認為是嚴重的公共衛生問題。蚊類不但叮吸人血，亦可傳播疾病，如瘧疾、日本腦炎（臺灣以三斑家蚊、環紋家蚊及白頭家蚊為主要傳播媒介，流行季節主要在每年 5~10 月，病例高峰在 6~7 月）、登革熱、黃熱病、血絲蟲病、屈公病等。蚊蟲防治除家戶個人防治外，多由政府機構進行較大規模的防治工作。

17-1 蚊蟲的特徵

蚊蟲主要特徵為口吻細長、體型細小(3~10 mm)，體表覆蓋形狀及顏色不同的鱗片，使蚊體呈不同顏色，為鑑別蚊類的重要依據之一；翅膀具一定之翅脈相，翅上亦具有鱗片，翅後緣有緣鱗。蚊子只有一對翅膀，另一對演化為平衡桿，飛行速度依環境溫度與種類不同而有差異，時速大約 1.5~2.5 公里，每一次飛行可持續約 4~5 分鐘。由於只有雙翅，故飛行時需快速振翅以產生足夠風壓飛行與提升速度，當蚊子振翅時，每秒次數可高達 595 次，正因如此，當蚊子在接近耳朵飛行時，很容易可以聽到「嗡嗡嗡嗡」此種頻率的振翅聲響。

蚊子的口吻(Proboscis)特化成細長的喙，由六根針狀器官組合而成，類似抽血用針的構造，可刺進人類的皮膚以吸取血液；大部分種類的雌蚊口器都適合刺吸血液。當蚊子叮咬人類時，會從唾液腺經由口器輸出唾液，其含有蟻酸、抗凝血化合物及至少 15 種的蛋白質，酸性物質是用來溶解皮膚表層的角質層，抗凝血化合物則是吸食血液時對抗血小板的凝固作用，避免在吸食中血液突然凝固，導致口吻阻塞。第一次被叮咬時身體不會有特殊反應，但第二次開始免疫系統的肥大細胞會釋放出組織胺，以便對抗蚊子所帶來的外來物質，造成皮膚發癢和紅腫，此種刺激性感覺乃是被叮咬者對蚊子唾液的一種過敏反應。

一、卵

蚊卵的形狀視種類而不同，大多為長圓形或橢圓形，或是紡錘形、船形。產出時卵呈灰白色，於 1~2 小時內轉變為青色或黑色，卵長不超過 1 mm，平均約 0.5 mm。

卵壁分三層，由內而外分別為纖薄的卵黃膜(Vitelline Membrane)、硬而不透明的內卵殼(Endochorion)及脆弱且透明的外卵殼(Exochorion)。卵內包圍著卵黃及發育中的胚胎，卵殼表面無斑紋或有各種形式的網狀斑紋；前端有一精孔或稱卵孔(Micropyle)，以供精子進入小孔，卵孔周圍通常有一圈小凸點。

二、幼蟲

俗稱孑孓，水生，無足，幼蟲分 4 齡，剛由卵孵出的幼蟲是 1 齡幼蟲，身長約 1.5 mm，在水中攝食微小生物，如原蟲、細菌及藻類或其他腐爛的有機物質，依次成長為第 2、第 3 以至第 4 齡幼蟲，在每期之間各蛻皮一次，第 4 齡期時長 8~15 mm，部分可達 20 mm。

幼蟲的構造分頭、胸、腹三部分，界限清楚。頭殼主要由三片外骨骼組成，即唇基額片及二片頂片，唇基額片前端兩側具一對扇形叢毛，為口刷(Mouth Brush)，頂片上則有觸角和眼，頭上之毛為分類的特徵；呼吸系統開口於第八節背面，在家蚊亞科為一長形呼吸管(Siphon)，瘧蚊亞科無呼吸管，但在其氣門板(Stigmatal Plate)上有二氣孔，因此，家蚊幼蟲呼吸時蟲體與水面成一角度，而瘧蚊幼蟲則與水面平行。腰部第九節為肛腮(Anal Gill)，主要作用為調節滲透壓。

三、蛹

外形似逗點。蚊由 4 齡幼蟲變為蛹後，蛹期不攝食，其前半部膨大是為頭胸部，包含著日後發育為成蟲的頭及胸部。在頭胸背面，有一對喇叭狀的呼吸管(Respiratory Trumpet)。頭胸部外有幾丁質包圍，兩側有明顯的大黑點，將演化為成蟲的複眼；大黑點附近有較小的蛹眼。

彎曲狹小的後半部是腹部，能上下活動分為九節。腹末端有一對尾鰭(Paddle)，當蛹受驚擾時可藉以做滾狀游動及潛水。

四、成蟲

體小，翅長不超過 5 mm，巨蚊屬則可超過 10 mm，體分頭、胸、腹三部分。頭部具一對大複眼、一對觸角及一長口喙，觸角由基節、梗節及鞭節組成，鞭節由 13~14 個鞭分節構成。多數蚊類之觸角為第二性徵，即雌蚊觸角上之感覺毛疏而短，雄蟲則為鑲毛狀，感覺毛密而長。口器由 6 根針組成，即上唇、大顎一對、小顎一對、下咽頭等。

胸部分三節，僅中胸發達，翅狹長，脈相簡單，變化小，翅脈上覆蓋有被鱗(Squama Scales)和羽鱗(Plume Scales)，翅緣有緣纓。足細長，跗節五節，末端具爪一對，二爪中間有爪間體(Empodium)，兩側有爪間墊(Pulvillus)。

腹部由十節組成，第一到第八腹節側膜具有氣門一對，腹的最後二節變為外生殖器官。雄蚊自蛹羽化後之 24 小時內，腹部最後三節可做 180°上下扭轉，結果背腹倒置與前七節之位置上下相反。雄外生殖器之構造常可用為蚊種鑑定之特徵。

17-2 蚊蟲的生態

蚊之生態學為研究卵、幼蟲、蛹及成蟲等生活史與環境之關係。影響蚊子生態環境之物理因素如下所述。

一、氣象與微氣候

氣象為一個地區的平均氣候，微氣候為某一局限區域之氣候，在大氣候與微氣候之間，其溫度、濕度有些微差異，如外棲性的蚊種與內棲性種類各有其微氣候。

二、溫度

蚊為冷血動物，因此，其新陳代謝過程、生活史、壽命及生殖營養週期(Gonotrophic Cycle)均受制於環境溫度。大多數蚊種發育之平均最適溫度約介於 25~27℃，在 10℃的低溫或超過 40℃時，蚊之發育將完全停止，且死亡率甚高。

三、濕度

蚊的呼吸器官為氣管系統，對乾燥環境特別敏感，故室內蚊子常集中於潮濕度較高的微氣候室內棲所，而外棲性之蚊子多停留於接近地面的植物上。

四、雨量

連續的降雨會造成嚴重氾濫，結果將使蚊的孳生地暫時被沖走，但可能使孑孓遷移，不一定會死亡；而適度的雨量和日照，蚊蟲孳生會大量增加。

五、光照

光線對蚊的影響，一般僅與取食及棲息有關。熱帶家蚊及搖蚊（草蚊）在黃昏及黎明時可見雄蚊成群飛舞(Swarming)，此乃引誘雌蚊，以達交尾目的。

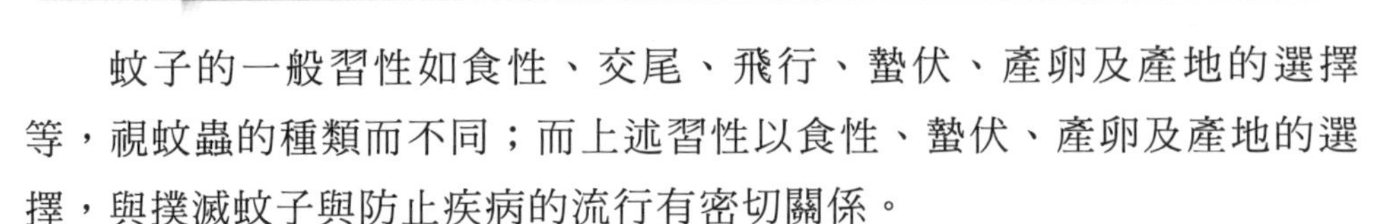

17-3 蚊蟲的習性

蚊子的一般習性如食性、交尾、飛行、蟄伏、產卵及產地的選擇等，視蚊蟲的種類而不同；而上述習性以食性、蟄伏、產卵及產地的選擇，與撲滅蚊子與防止疾病的流行有密切關係。

一、食性

雄蚊不吸血，以露水和花蜜維生；雌蚊嗜血，一般而言，雌蚊必須於吸食血液後才獲得卵子的成熟和產生，剛羽化的雌蚊 24 小時後即能吸血。

雌蚊所需求的血食來源隨種別而異，具嗜吸人血(Anthropophily)、嗜吸動物血(Zoophily)和專吸哺乳動物的血液或冷血動物血液的區別，且叮咬的時間和場所也各有所好，如表 17-1。

▶ 表 17-1　各蚊種之叮咬喜好

喜好時間與場所		蚊種
時間	白天	埃及斑蚊、白線斑蚊
	黃昏	瘧蚊、白腹叢蚊
	夜間	熱帶家蚊、斑腳沼蚊及三斑家蚊
場所	室內(Endophagy)	埃及斑蚊、熱帶家蚊及微小瘧蚊
	室外(Exophagy)	白線斑蚊、白腹叢蚊

二、吸血頻次

蚊子吸血頻次一般取決於生殖營養週期(Gonotrophic Cycle)的長短，此週期乃指蚊蟲自吸血至卵發育成熟產出之一段時間，一般為 2~4 天。未受精之雌蚊由於不必等待卵發育，故其吸血間隔較短，但雌蚊於產卵前必須吸一次血，以供卵發育；在乾旱季節，妊娠的雌蚊產卵前可再次吸血，冬眠中的雌蚊於越冬前吸一次血，便可維持數週或數月。導引蚊子吸血有若干因素，諸如二氧化碳(CO_2)、氣味、溫度、濕度及視覺等。

三、交配

蚊子自蛹孵出後即能交尾，一般為羽化後 2~3 天內進行。由於青春荷爾蒙(Juvenile Hormone)之產生始接受交配，交配時已吸血或未吸血。

交配時多由雌蚊於傍晚個別衝入蔭蔽處，如孳生地或棲息所附近成群飛舞的雄蚊集團中尋求配偶，為尾對尾式(End to End)進行空中交尾；在飛行當中完成交尾僅需 15 秒鐘左右。雌蚊一生大多僅交尾一次。

四、產卵與產地

蚊子產卵的數目隨種類而異，但即使是同一種蚊，每次下卵的數目也不一致，一般而言，每次下卵約 2、30 顆至 2、300 顆不等；雌蚊於一次交尾後，大都能產卵 2 次，許多瘧蚊屬蚊子，終其一生可產卵 800~1,000 顆。

蚊子的卵大都產於水中，有些產於池塘、湖沼、稻田、滲水地、溝渠、河溪，亦產於水井、樹洞、竹節空心、植物葉的基窩、樹椿、水缸、水罐、花瓶、碗盆等廢棄容器中。

五、棲息所

成蟲羽化後會停留於孳生地數小時，有些會由於寄主所發出的氣味而受到吸引（如 CO_2、熱氣、酸性氣體），飛向寄主地區。在幼蚊孳生地附近若缺乏草木等棲息所，則新羽化之成蚊會盡速離開該區，飛行到附近合適的棲息所，如住宅、畜舍或自然隱蔽場所。

雄蚊多停留在室外隱蔽所，如草叢中，但室外棲性之蚊種在夜間吸血前後，亦可能短時間停留於室內；而內棲性種類之雄蚊，有許多是跟隨雌蚊棲息於室內。

六、壽命

蚊蟲在自然界之壽命，為該蚊種是否能成為病媒的決定因素之一，因蚊蟲必須活到足以完成病原體在其體內之發育環，始可成為病媒，傳播疾病。

雄蚊的壽命較雌蚊短，普通為 1~3 週；雌蚊的壽命與每次產卵多少之習性，以及全部卵子產完的遲早有關，在適宜氣溫和濕度，並能獲得充分血食來源時，雌蚊壽命可長達 3~4 週，直到產完全部的卵為止，如環境適宜，不影響產卵，則壽命可延長至數月之久，但酷暑及嚴冬會縮短蚊子的壽命。

17-4 社區環境中常見的蚊蟲

一、熱帶家蚊(*Culex quinquefasciatus*)

熱帶家蚊是血絲蟲病的病媒，血絲蟲(Filariae)是一種微小的線狀寄生蟲，人為唯一的寄主，感染後引起的病症稱為淋巴絲蟲病(Lymphatic Filariasis)，又稱象皮病(Elephantiasis)，過去在臺灣流行的種類是班氏絲蟲(Wuchereria Bancrofti)，但自 1958 年起經由執行長期的防治計畫，目前臺灣已無病例。成蟲體長約 5~6mm，全身單純褐、棕色（圖 17-1）。棲息環境如居家、開放環境、排水道或化糞池等處。

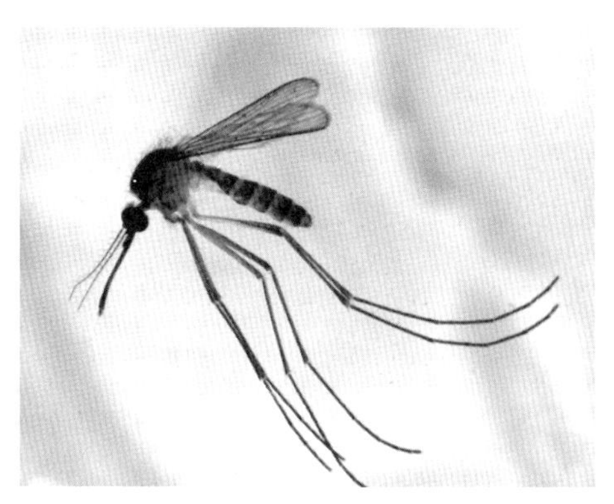

圖 17-1　熱帶家蚊（雌性）
圖片來源：編著者自行拍攝。

二、尖音家蚊(*Culex pipiens*)

尖音家蚊體長 3~7 mm，有羽狀觸角，身體細長，翅膀狹長，腿亦長。腹部為帶狀棕色和白色（圖 17-2），棲息環境多在居家、汙水坑、積水糞坑、積水窪地及沼澤等處，嗜吸鳥類及人血。在自然情況下，尖音家蚊大部分在室外空間飛舞，但在小空間也會飛舞以完成交配任務。

圖 17-2　尖音家蚊（雌性）

三、地下家蚊(*Culex molestus*)

地下家蚊體長 3~5 mm，身體細長、淺棕色，翅膀狹長，腳上無斑點（圖 17-3），多孳生於地下封閉環境，如地下室、下水道、雨水道等處。雌蚊第一次產卵不需要吸血即可完成產卵行為，但第二次後仍須吸血才能產卵。

地下家蚊的棲息環境、活動高峰期、吸血對象、吸血產卵、交配繁殖空間、冬眠行為、適應地下室環境、季節分布等，均和熱帶家蚊有所差別。

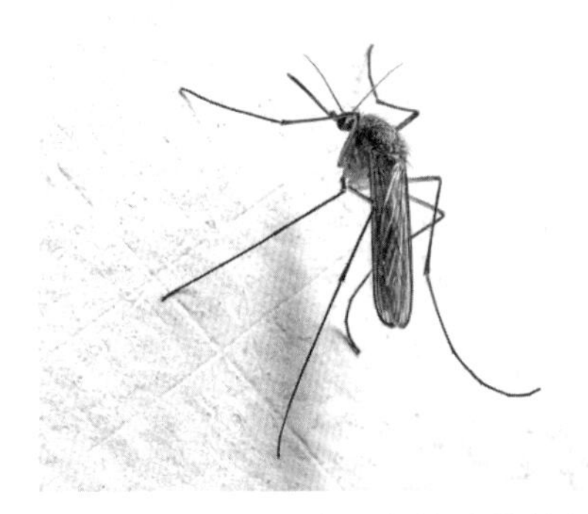

圖 17-3　地下家蚊（雌性）

四、白腹叢蚊(*Armigeres subalbatus*)

白腹叢蚊成蟲較家蚊類大，體長約 7.5 mm，主要特徵為口吻厚大，末端稍彎曲。頭部白色，頭背具褐色的斑紋；胸背板褐色，側緣具白色的邊紋。翅膀具藍色色澤，各腳褐色，脛節或跗節藍色具光澤（圖 17-4）。本種普遍分布於平地至低海拔山區，喜歡陰暗潮濕的樹林或草叢，通常於戶外。

雌蚊口器尖長，產卵前會吸食人類或哺乳類動物的血液；雄蚊觸角發達，呈羽狀，口器近基部有分叉，不會吸血。白腹叢蚊幼蟲主要孳生於化糞池、尿桶、豬舍之廢水等富含有機質之水中。成蟲日間亦可活動，傍晚為最高峰，飛行速度不快，為重要之騷擾性蚊蟲。

(a)

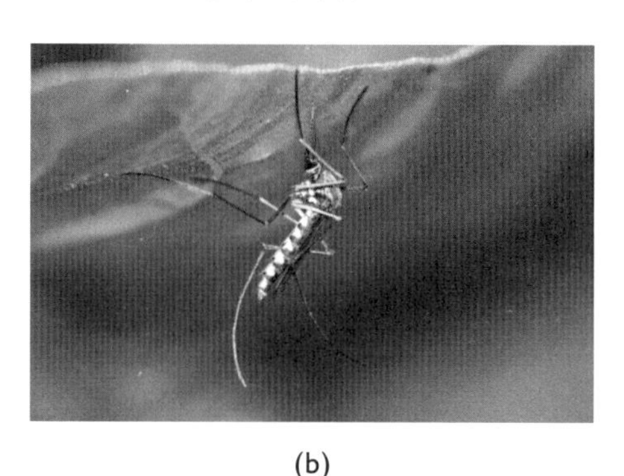

(b)

圖 17-4 白腹叢蚊（雌性）

五、埃及斑蚊與白線斑蚊 (*Aedes aegypti and Aedes albopictus*)

斑蚊全身色黑，密佈銀白色斑點，其中埃及斑蚊與白線斑蚊為典型登革熱(Dengue Fever)之病媒，尤其埃及斑蚊更是出血性登革熱最重要之病媒。埃及斑蚊分布於臺灣北緯 23 度以南之地區及澎湖列島；而白線斑蚊則分布於全島。

埃及斑蚊之成蚊，其胸部背板側緣有一對銀白色吉他狀曲線，中間另有一對狹長之黃白色直線，體長 4~6 mm（圖 17-5）；白線斑蚊之胸部背板中間，則僅有一條寬而直的銀白線，體長 6~7 mm（圖 17-6）。二者的卵均需經一般乾燥期才能順利孵化，在室溫下完成生活史約 10 天。

埃及斑蚊主要孳生於人工容器的積水內，如水缸、廢輪胎、花瓶、水盤、貯水槽、廢容器等；白線斑蚊則除前述容器外，亦孳生於樹洞、竹筒等處。埃及斑蚊一般棲息於屋內，嗜吸人血，停留於衣服、窗簾、布幔及其他陰暗處所，飛翔距離約在家屋附近 50~150 m 範圍內；白線斑蚊主要棲息於室外，嗜吸人血，兼吸動物血。二者均為白天活動，吸血高峰於上午 9 點及午後 4、5 點左右。

圖 17-5　埃及斑蚊（雌性）

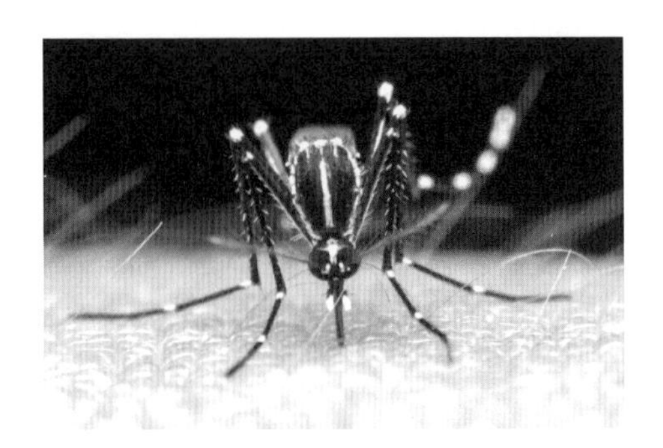

圖 17-6　白線斑蚊（雌性）

17-5 蚊蟲的防治

環境防治往往是最有效，最持久之治本方法，包括清除孳生源、改善孳生環境；當環境衛生無法徹底執行時，只能利用化學防治，尤其疫病流行之際。蚊蟲的防治一般以成蟲及幼蟲防治為主。

一、物理防治

1. 清除積水容器（孳生源）：使用衛福部公布的「巡、倒、清、刷」方式，即多巡視、倒積水、清潔並刷洗容器，以預防孑孓孳生，為預防的根本之道。
2. 使用有二氧化碳功能的捕蚊燈。
3. 居家環境裝置紗窗；睡眠時使用蚊帳。

二、化學防治

1. 使用有效的防蚊液產品，如敵避(DEET)、派卡瑞丁(Picaridin)、伊默寧(IR3535)等。
2. 使用適合一般家庭的除蟲菊噴霧劑或氣霧式殺蟲劑。
3. 針對戶外孳生源區域使用蘇力菌(BTi)進行噴藥，可破壞孑孓腸道，致其死亡。
4. 對於在化糞池中孳生的孑孓，可於自家抽水馬桶中投入昆蟲生長調節劑或陶斯松，亦能同時防治蛾蚋。
5. 使用液體電蚊香、蚊香片、蚊香卷方式防蚊；正確且安全的使用方法為將門窗緊閉，點上蚊香後人、畜離開，30 分鐘後再進入室內關掉或熄滅蚊香。

課後複習

( ) 1. 一般而言蚊子的飛行速度大約為每小時幾公里？(A) 0.5~1.0 (B) 1.5~2.5 (C) 3.5~4.5 (D) 5.5~7.5

( ) 2. 當蚊子叮咬人類時，會從唾液腺經口器輸出唾液，其唾液含有何種物質，可以用來溶解皮膚的角質層？(A)蟻酸 (B)抗凝血化合物 (C)過敏原 (D)消化酶

( ) 3. 雄蚊自蛹羽化後之24小時內，腹部最後三節可做多少度之扭轉？(A) 45° (B) 60° (C) 90° (D) 180°

( ) 4. 蚊子的幼蟲（孑孓）在水生環境中的食物為何？(A)微生物 (B)原蟲 (C)細菌 (D)以上皆是

( ) 5. 下列何屬種的蚊子所產下的卵可耐乾燥達數月以上？(A)瘧蚊屬 (B)家蚊屬 (C)斑蚊屬 (D)搖蚊屬

( ) 6. 下列何者為影響蚊子生態環境之物理因素？(A)溫度 (B)光照 (C)雨量 (D)以上皆是

( ) 7. 下列蚊子的一般習性中，何者與撲滅蚊子和防止疾病的流行有密切關係？(A)食性 (B)蟄伏 (C)產卵 (D)以上皆是

( ) 8. 蚊子的吸血頻次與下列何者有密切關係？(A)交尾 (B)青春荷爾蒙 (C)生殖營養週期 (D)二氧化碳

( ) 9. 臺灣三斑家蚊傳播日本腦炎的流行高峰期在幾月？(A) 5月 (B) 6月 (C) 8月 (D) 9月

( ) 10. 下列何者為臺灣傳播血絲蟲病的主要病媒蚊？(A)三斑家蚊 (B)熱帶家蚊 (C)尖音家蚊 (D)環紋家蚊

(　)11. 蚊子的口吻(Proboscis)特化成細長的喙，是由何種器官組合而成？(A)六根針狀器官　(B)唾液腺出口端　(C)二根針狀器官　(D)三根針狀器官

(　)12. 當蚊子振翅時，每秒可高達幾次？(A) 595　(B) 650　(C) 955　(D) 1,024

(　)13. 剛羽化的雌蚊幾小時後即能吸血？(A) 6小時　(B) 12小時　(C) 24小時　(D) 36小時

(　)14. 蚊蟲從吸血至卵發育成熟產出之一段時間，一般為多久？(A) 24小時　(B) 2~4天　(C) 5~6天　(D) 1週

(　)15. 化糞池、尿桶、豬舍之廢水等富含有機質之水中，為何種蚊蟲幼蟲的主要孳生處？(A)熱帶家蚊　(B)尖音家蚊　(C)地下家蚊　(D)白腹叢蚊

解答 | BADDC　DDCBB　AACBD

MEMO

CHAPTER 18

常見蠅類

本章大綱

蒼蠅是昆蟲綱，雙翅目、環裂亞目分類群中許多昆蟲的通稱，又稱蠅蟲或蠅類。常見的蠅類包括家蠅科、麗蠅科、肉蠅科、果蠅科、酪蠅科、蝨蠅科、食蚜蠅科、胃蠅科、皮下蠅科等。在臺灣，常見之蠅蟲種類包括普通家蠅(*Musca domestica*)、大頭金蠅(*Chrysomyia megacephala*)、二條家蠅(*Musca sorbens*)、灰腹廁蠅(*Fannia scalaris*)、絲光綠蠅(*Phaenicia sericata*)、赤銅綠蠅(*Phaenicia cuprina*)、廄腐蠅(*Muscina stabulans*)、廄刺蠅(*Stomoxys calcitrans*)、紅尾肉蠅(*Parasarcophaga crassipalpis*)、黃果蠅(*Drosophila melanogaster*)及蚤蠅(*Humpbackd fly*)等。

蠅類與蚊子、蟑螂、老鼠並稱臺灣四大害；垃圾堆積場、養雞／養鴨場、農／魚市場等處所最容易孳生蠅蟲，而垃圾堆積場乃蠅類生長繁殖的大溫床，更形成環境衛生的頭痛問題。蠅類除直接干擾人類、妨礙安寧外，更會傳播多種疾病，如霍亂、傷寒、痢疾等，以及腸寄生蟲卵，騷擾人類生活亦影響健康。

18-1 蠅類的生態

蠅類屬完全變態昆蟲，生活史包含卵、幼蟲、蛹及成蟲 4 個階段（圖 18-1）。以普通家蠅為例，在適溫下(25℃)卵於 17 小時內孵化，幼蟲經 5~6 天即可發育為蛹，蛹期 6~7 天，成蟲羽化後 1~2 天內即能交尾，3 天後便可產卵，在 35℃下卵期約 6~8 小時，但低於 8℃或高於 42℃卵皆無法孵化。

羽化後的雄蟲最少需 18 小時、雌蟲需 30 小時後才能進行交尾，通常雌蠅一生只交配 1 次。懷孕的雌蠅受食物、二氧化碳、氨水等氣味吸引，在腐爛或發酵的有機物上產卵，家蠅每一次產卵量平均約 120 顆。蠅類在熱帶地區每年約能繁殖 30 代、亞熱帶地區每年 20 代、溫帶僅約

10 代。保守估計每隻雌蠅產下 100~200 隻子代，但環境條件合適時產卵量會更多。

丹麥飼養場試驗顯示，在天然環境下，50%蠅類只存活 3~6 天，很少活到 8~10 天，在實驗室成蟲平均壽命雄蠅為 17 天、雌蠅為 29 天。雌、雄蠅均可以糖水或醣類維生，除雌蠅在卵孕育時特別需要蛋白質外，人類的食物、垃圾及汙穢物等皆可取食。液體的食物可直接舔食，但遇到可溶性固體食物時，則須先從唾腺及嗉囊嘔出一種液體，將食物濕潤溶解後再行舔食；其流液所沾染之點，稱嘔滴或嘔吐點。

家蠅成蟲白天多活動於食物及孳生源附近，尤喜停留於器物之邊緣、稜線、電線鐵絲或懸垂物上；夜間多停息於屋外植物體或籬笆。發生於垃圾堆積場之蠅類白天主要在場內活動，而甫傾倒、未乾之垃圾表層則是有較多成蟲停留、取食或產卵，垃圾場四周之雜草、籬笆及其他植物常為成蟲夜間棲息之所。

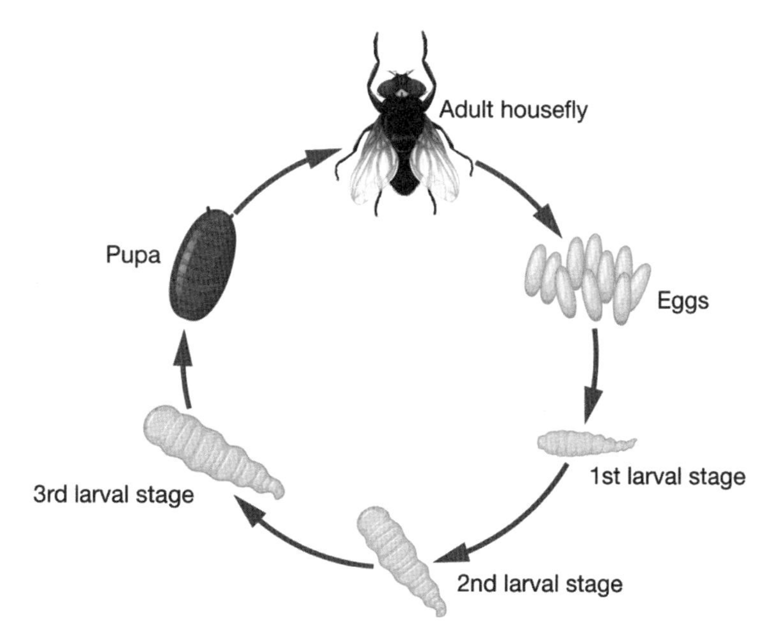

圖 18-1　蠅類生活史

一、卵

蒼蠅的卵形狀似香蕉，長約 1~1.2 mm。

二、幼蟲

身體呈細長圓柱形，長約 8~12 mm，前端尖、後端圓，通稱為蛆；有頭或退化內縮，口器不明顯，缺眼、無足，後端有 1 對氣孔供呼吸用。蛆藉脫皮長大，幼蟲分為 3 齡，當 3 齡幼蟲停止取食時，會迴避光線。

三、蛹

老熟幼蟲會往較陰涼乾燥的地方移動，如土壤表層、垃圾堆或糞便表面。幼蟲老熟化蛹時，其表皮緊縮，形成圓筒狀的蛹殼，呈褐色至黑褐色，稱為圍蛹，長約 6.5 mm。從圍蛹到羽化成蟲所需的時間依濕度及溫度而定，大約與幼蟲發育時間相同，在 35~40℃及濕度 90%時，最少需 3~4 天。蛹較幼蟲更能忍受低濕度，但濕度低於 40%之環境下，幾乎無法存活。

四、成蟲

體型小至中型(3~12 mm)；複眼發達，觸角 1 對為不正形，口器為舐吮式或刺吸式。前翅 1 對發達，後翅退化為平均棍；足 3 對，通常具褥盤，可吸附於光滑表面（圖 18-2）。

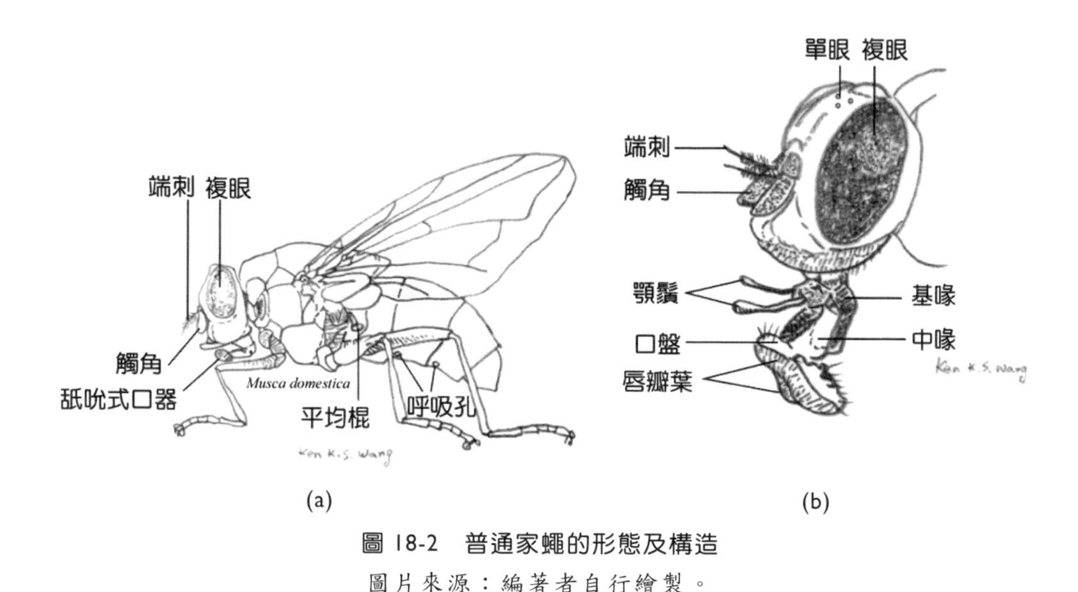

圖 18-2 普通家蠅的形態及構造
圖片來源：編著者自行繪製。

18-2 蠅類的習性

蒼蠅依生態習性及與人類生活的親密程度分類，包括人類親和型、半人類親和型、非人類親和型和家畜親和型。

1. 人類親和型：其一生大多以人類生活環境為活動範圍。活動於室內稱內棲性蠅類，如普通家蠅、黃果蠅及肉蠅；活動於室外稱外棲性蠅類，如絲光麗蠅、黃腹廁蠅及腐蠅（表 18-1）。
2. 半人類親和型：非特別喜好與人類生活在一起，包含某些金蠅、肉蠅及腐蠅類。人類製造某些環境適合其生活，如開山築路、森林開發、觀光區之垃圾。
3. 非人類親和型：生息於自然環境中與人類無關。
4. 家畜親和型：大部分由家畜糞便引發的蠅類。牧場型如野家蠅、黑家蠅、血蠅屬；畜舍型如普通家蠅、廄刺蠅等（圖 18-3）。

▶ 表 18-1　人類親和型蠅類

名稱	圖示	說明
普通家蠅 (*Musca domestica*)	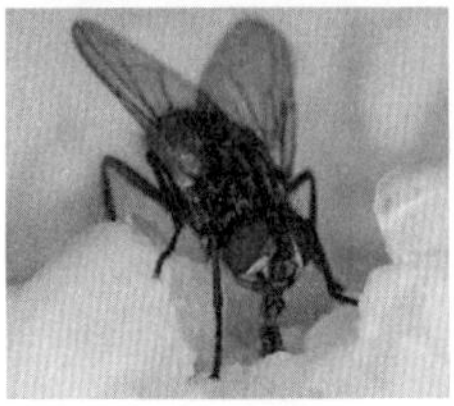	雌性；體長 6~7 mm
黃果蠅 (*Drosophila melanogaster*)		雌性；體長 1.5~4 mm
肉蠅 (*Parasarcophaga crassipalpis*)	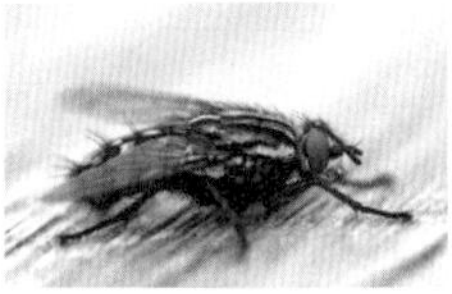	雌性；體長 15 mm
絲光麗蠅 (*Lucilia sericata*)	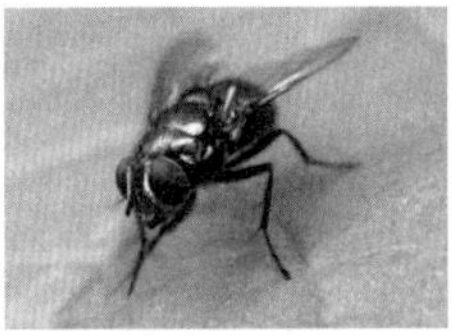	雄性；體長 6~9.5 mm
黃腹廁蠅 (*Fannia canicularis*)		雌性；體長 3.5~6 mm
腐蠅 (*Muscina stabulans*)	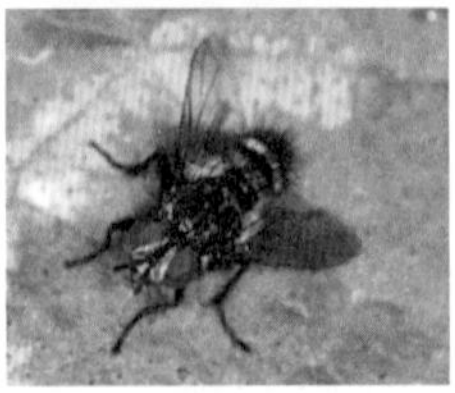	雌性；體長 6~9 mm

(a)

(b)

圖 18-3 家畜親和型之畜舍型蠅類。(a)普通家蠅：雌性，體長 6~7 mm；(b)廄刺蠅：雌性，體長 5~6 mm

18-3 常見蠅類的孳生源

高濕、富含有機質之微棲所，即可成為蠅類之孳生源；乃是成蟲產卵、幼蟲生長發育的場所。一般的孳生源包括禽畜與人類糞便、動物屍體、肉類、瓜果、腐草、腐葉、垃圾、堆肥及其他腐敗之有機物等，其中，糞便與屍體是畜牧場蠅類之重要孳生源。環境溫度與蠅類活動之關係如 18-2 所示。

▶ 表 18-2 溫度與蠅類活動之關係

溫度(℃)	對活動之影響
7~8	靜止不動
9	爬行甚慢
>12	可正常飛行
>15	取食
>17~18	可進行產卵

▶ 表 18-2 溫度與蠅類活動之關係（續）

溫度(℃)	對活動之影響
32	活動達最高峰
>32	活動急速下降
>42	死亡

18-4 蠅類族群的季節變動

臺灣的氣候環境條件，對家蠅的發育與活動全年皆宜，其族群密度高低主要受溫度影響，而夏季或颱風帶來的豪雨與積水，會造成蠅蟲大量死亡。根據對臺北市家蠅族密度之調查結果顯示，於 12、1 及 2 月，由於氣溫較低，族群密度較低，其他月份之族群密度頗高，於每年 5、6 月及 8、9 月間均出現密度高峰；7、8 月間因溫度甚高（經常＞33℃）且濕度亦因之加大，以致族群密度略降。

王等(1987)於南投垃圾場以蠅格子法調查蒼蠅之季節消長，其族群密度以 1、2 月最低、4 月及 6 月為高峰期，11、12 月為另一波高峰。於垃圾場的調查中，可明顯觀察到雨季的積水造成蠅蟲大量死亡之現象，此亦為影響族群變動之重要原因。

18-5 蠅類的危害

大量的蒼蠅若出現在公共場所會對人們造成嚴重的騷擾。蒼蠅的糞便會在居家內、外造成汙斑，帶給人們情緒上的負面影響，以及連帶有不衛生的印象。

蠅類會被動物和人類的化膿並散發臭味的傷口所吸引而產卵，幼蟲孵化後會導致蠅蛆症(Myiasis)。此外，附著在蒼蠅身上的多種病原體亦是汙染食物、傳播疾病的主因。

一、直接侵擾

於蠅蟲發生猖獗地區，居民及禽畜之日常活動常受嚴重影響，如吃飯要掛蚊帳、戶外活動因蠅蟲飛舞與停息被干擾。蒼蠅之大發生，不但使得工作效率降低，亦會造成學校活動及學生上課受影響，導致人們不得安寧。

二、蠅蛆症

是由蠅類的幼蟲（蠅蛆）引發脊椎動物和人類活體的侵害。有些蠅蛆在動物體內只完成生活史的某一發育期，部分則在動物體內達成其完整發育過程，此類成蟲又稱不食蠅類。最常見的病例如絲光綠蠅和伏蠅等種類，被化膿、散發臭味的傷口所吸引而產卵；另外，有些幼蟲營絕對寄生性生活，蠅蛆必須在動物體內才能完成發育生長，如狂蠅科(Oestridae)蠅類，寄生在哺乳動物鼻咽腔；皮蠅科(Hypodermatidae)蠅類寄生於皮內和皮下組織，危害羊、馬、驢等。

三、傳播疾病

(一) 生物性傳播疾病

傳播方式為蠅類成蟲透過刺吸式口器，於吸食病人血液時獲得病原體，再傳播給健康寄主，如非洲睡眠病，其病原為錐蟲，最主要的病媒是舌蠅屬(Glossina)，又名采采蠅(Tsetse Fly)，目前已知采采蠅分布於非洲撒哈拉沙漠以南，即非洲北緯 15°和南緯 31°之間。

(二) 機械性傳播疾病

為非吸血蠅類傳播病原體的主要方式。此蠅類口器為舐吮式，體表多毛，足部褥墊能分泌黏液，喜歡在人的排泄物、痰、嘔吐物以及動物的糞尿、屍體上爬行覓食。目前已證實能攜帶的細菌有 100 餘種，其中原蟲約 30 種、病毒約 20 種；主要傳播痢疾與傷寒、霍亂、眼疾、小兒麻痺症和其他病毒性腸道感染、結核病和寄生蟲等。

18-6 蠅類的發生監測

蠅格子計數法是蠅類監測調查較常用之方法，為史格達博士利用蠅類喜好停在物體邊緣之習性而設計發明；係以寬約 2 cm、長約 60 cm 的 16 枝薄木條，等距釘在 2 枝 60 cm 的木條上。使用步驟如下：(1)將其置於蒼蠅密集處，如糞便或垃圾上；(2)蒼蠅被驚擾而飛離，但又迅速飛回；(3)計算 30 秒鐘內停在蠅格子上的蒼蠅數目。大範圍作 10 個採樣點，取最高 5 次平均；小範圍作 5 個採樣點，取最高 3 次平均即為蠅格子指數。通常牧場指數超過 20 以上、餐廳指數超過 3 判定為不合格。

18-7 蠅類的防治

一、環境防除法

改善環境衛生為蠅類防除之治本之道，重點如下。

(一) 廢棄物處理

有機廢棄物須裝入密閉容器內、社區垃圾桶須加蓋、餐廳和飯店之垃圾、廚餘須妥善包裝及封口，若無法每天清除，應設置特定冷藏庫暫存，待垃圾車載運，以免暴露而招引蠅類孳生。

（二）動物及人類排泄物處理

由於排泄物常存在許多病原體，往往因蠅類之媒介而對公共衛生形成莫大威脅，故排泄物應定期清除或在化糞池上做適當加蓋。

（三）避免積水

保持溝渠暢通，避免汙水累積；作好排水系統，以免汙水滲流於窪地及浸滲土壤中，孳生蠅類。

（四）清除庭院腐爛植物

庭院樹木、草坪修剪後，枝葉勿任意堆放；果菜市場或集貨場剝除之菜葉、爛果也應盡速清除，切勿堆積，避免腐敗而招引蠅類。

（五）慎用有機肥

避免使用新鮮有機肥，如魚骨、獸骨、油籽餅，以腐熟後再使用為宜。河川地種植西瓜及石礫地種植蔬菜，會大量使用生雞糞，易引發蠅類，嚴重為害環境衛生，也影響觀光產業發展。

（六）垃圾處理

露天傾倒堆積垃圾，易成為蠅類孳生的大本營；而衛生掩埋法，即是在新垃圾上覆蓋至少 15 cm 厚之泥土，可大幅減少蠅類繁殖。覆土的主要目的是阻止成蠅取食及產卵，若能確實做好垃圾分類（即可焚化處理），只掩埋有機廢棄物，則可延長垃圾掩埋場使用年限。

二、物理防除法

1. 利用物理原理阻斷蠅類入侵及發生，減少蒼蠅危害。
2. 裝設紗門、紗窗或氣流簾，阻止蒼蠅進入室內。

3. 餐廳廚房裝設暗走道，防止蒼蠅飛入。

4. 利用黏蠅紙、捕蠅鈴、黏紙式捕蠅燈誘殺蒼蠅。

5. 禽畜糞便日曬或烘乾，避免蒼蠅發生。

三、化學防除法

利用殺蟲劑撲滅害蟲；由於迅速及簡便，常為一般大眾所採用。但須注意應使用政府衛生單位及環境保護署登記核准之藥劑。

（一）幼蟲防除

用於處理廢棄物或施用於雞糞，防治蠅類幼蟲，常使用昆蟲生長調節劑，如百利普芬(Pyriproxyfen)（商品如住樂寶、蚤蟑清）和賽滅淨(Cyromazin)〔商品如立可滅(Neporex)〕。劑型以乳劑、水懸劑及液劑為宜，噴灑藥量須涵蓋孳生源（垃圾）上層 10~15 cm。

（二）成蟲棲息處所殘效噴灑

將藥劑噴灑於蠅群經常棲息之處所，使其接觸藥劑而中毒死亡，通常於室內施做效果較好，劑型以水懸劑較乳劑為佳。

室內應選用合成除蟲菊類藥劑，如賽滅寧、百滅寧及第滅寧等；室外可選用有機磷劑，如大滅松（有些場所殘效可達 3 個月）。

（三）繩帶浸藥法

利用蠅蟲喜停息於電線、細木、稜線及懸垂物等之習性，以繩索或棉帶浸於 10~25%之馬拉松、大利松、大滅松或其他適宜藥劑中取出陰乾後，垂直吊於蠅蟲出沒處以誘殺之，若同時配合引誘劑或糖使用則效果更好。顏色以紅、黃或暗色較佳，用量為每平方公尺使用 1 m 繩帶，效果約可持續 1.5~2 個月。

（四）毒餌誘殺

毒餌以殺蟲劑與蠅類偏好之食料調製而成，使用於不適合噴灑殺蟲劑之場所。主要使用藥劑如大滅松、三氯松、大利松、馬拉松、亞滅松、撲達松、安丹、免敵克或納乃得等；餌料如蔗糖、糖蜜、爛水果或魚骨粉等，亦可配合費洛蒙引誘劑或酵母粉抽出物加砂糖，以增加引誘效果。

（五）蠅群直接噴灑

以殺蟲劑直接噴灑蠅群聚集之處，如垃圾堆、垃圾車、垃圾桶、垃圾場、養雞場周圍的雜草堆等，並選擇蠅類群聚（如夜間棲息地）且不活動或活動力低的時刻施作。可選用有機磷劑、氨基甲酸鹽類等油劑或乳劑。

四、生物防治

有關蠅類之天敵種類眾多，如細菌、原生動物、蟎類及昆蟲類等，其中有些物種對蠅蟲有某種程度之防除效果，能有效抑制家蠅類族群密度。

1. 生物天敵：綜述家蠅的生物防治，在眾多的天敵中，以家蠅之蛹寄生蜂(*Spalangia endius*)及捕食性蟎(*Macrocheles muscaedomesticae*)兩者最具有利用價值。蛹寄生蜂已有成功防治記錄；而捕食性蟎由於繁殖力高，捕食量大，對家蠅防治亦極有潛力。
2. 微生物天敵：以蘇力菌孢子餵飼蛋雞，使得由雞糞中羽化之成蠅數目減少 99%。蠅類之生物防治大多尚處於研發階段，實際應用成效有待進一步探討。

課後複習

( ) 1. 蠅類在亞熱帶地區一年約可繁衍幾代？(A) 10代 (B) 20代 (C) 30代 (D) 40代

( ) 2. 二條家蠅(*Musca sorbens*)的壽命在夏季約可活幾週？(A) 1~2週 (B) 2~4週 (C) 4~6週 (D)視溫度而定

( ) 3. 下列何者是引起人及動物蠅蛆症(Myiasis)之主要蠅類？(A)胃蠅科 (B)麗蠅科 (C)肉蠅科 (D)以上皆是

( ) 4. 以下何者不屬於不食蠅類？(A)胃蠅科 (B)狂蠅科 (C)麗蠅科 (D)以上皆是

( ) 5. 以下何種蠅類多發生於大規模養雞場？(A)廄腐蠅(*Muscina stabulans*) (B)二條家蠅(*Musca sorbens*) (C)普通家蠅(*Musca domestica*) (D)以上皆是

( ) 6. 下列何種蠅類在夏季大發生時會攻擊搾乳之酪農？(A)廄刺蠅(*Stomoxys calcitrans*) (B)紅尾肉蠅(*Scarcophaga crassipalpis*) (C)廄腐蠅(*Muscina stabulans*) (D)以上皆是

( ) 7. 下列何種蠅類的習性喜沾食瓜果、腥臭物、糞便、植物性及動物性腐敗食物？(A)黃果蠅(*Drosophila melanogaster*) (B)紅尾肉蠅(*Scarcophaga crassipalpis*) (C)灰腹廁蠅(*Fannia scalaris*) (D)大頭金蠅(*Chrysomyia megacephala*)

( ) 8. 下列何種蠅類可行胎生幼蟲？(A)黃果蠅(*Drosophila melanogaster*) (B)紅尾肉蠅(*Scarcophaga crassipalpis*) (C)灰腹廁蠅(*Fannia scalaris*) (D)大頭金蠅(*Chrysomyia megacephala*)

( ) 9. 紅尾肉蠅(*Sarcophaga crassipalpis*)雌蠅每次可產下多少隻子代於動物排泄物或屍體上？(A) 100~200隻 (B) 30~60隻 (C) 10~20隻 (D)視溫度而定

( ) 10. 下列何種蠅類主要孳生於戶外之單塊糞便，如人、狗、牛糞中？(A)二條家蠅(*Musca sorbens*) (B)紅尾肉蠅(*Scarcophaga crassipalpis*) (C)灰腹廁蠅(*Fannia scalaris*) (D)大頭金蠅(*Chrysomyia megacephala*)

( ) 11. 蠅類除直接干擾人類、妨礙安寧外，更傳播何種疾病？(A)霍亂 (B)傷寒 (C)痢疾 (D)以上皆是

( ) 12. 雌普通家蠅產下的卵在35℃下，卵期約幾小時？(A) 1~2小時 (B) 3~4小時 (C) 4~5小時 (D) 6~8小時

( ) 13. 普通家蠅從圍蛹到羽化為成蟲，在35~40℃及濕度90%時所需的時間最少幾天？(A) 1~2天 (B) 3~4天 (C) 4~5天 (D) 6~7天

( ) 14. 羽化後的雄蠅最少需多少小時，才能進行交尾？(A) 3~4小時 (B) 5~8小時 (C) 18小時 (D) 30小時

( ) 15. 羽化後的雌蠅最少需多少小時，才能進行交尾？(A) 3~4小時 (B) 5~8小時 (C) 18小時 (D) 30小時

( ) 16. 在開放的室內蠅格子指數超過多少以上則判定為不合格？(A) 3 (B) 5 (C) 10 (D) 20

( ) 17. 在密閉的室內蠅格子指數超過多少以上則判定為不合格？(A) 3 (B) 5 (C) 10 (D) 20

( ) 18. 以乳劑、水懸劑及液劑防除蠅類幼蟲，噴灑藥量須涵蓋孳生源（垃圾）上層約幾公分？(A) 3~5 (B) 5~7 (C) 10~15 (D) 20~30

(　) 19. 繩帶浸藥法是利用蠅蟲喜停息於何種物件之習性？(A)電線　(B)稜線　(C)懸垂物　(D)以上皆是

(　) 20. 夏季流行性結膜炎、砂眼，常經由下列何者傳播？(A)二條家蠅(*Musca sobens*)　(B)紅尾肉蠅(*Scarcophaga crassipalpis*)　(C)灰腹廁蠅(*Fannia scalaris*)　(D)以上皆是

解答 | BBACA　ADBBA　DDBCD　CBCDA

CHAPTER 19

蟑螂的管理與社區防治

本章大綱

蟑螂，泛指屬於「蜚蠊目」的昆蟲，屬於節肢動物門，昆蟲綱(Insecta)，蜚蠊目(Blattaria)，俗稱蟑螂，是常見的醫學昆蟲。蟑螂是一種有著數億年演化歷史的雜食性昆蟲，屬不完全變態。雌蟑螂產卵於卵鞘內，約有 6,000 種，主要分布在熱帶、亞熱帶地區，生活在野外或者室內；只有部份蟑螂會進入人類家居，其食性與人類重疊，被稱為「家棲蟑螂」(Household Cockroaches)。牠們繁殖力強，在人類家居棲身及覓食的同時，因家棲蟑螂長期生活在被人類汙染的環境中，導致身上會攜帶細菌，因此，蟑螂被普遍認為是害蟲。

蟑螂除了喜愛腐食髒物及在食物上分泌令人厭惡的臭味外，最主要的是能經由身體或排泄物攜帶病原體，傳播各種疾病；據世界衛生組織報告，蟑螂至少能傳播 40 種以上使人致病的細菌，且在蟑螂體內／外也可檢查出 7 種蠕蟲卵，其中 5 種已證明能經由蟑螂體內排出，並具感染力。蟑螂對某些特異性體質的人而言是一種過敏原，可引起過敏反應或氣喘。

蟑螂棲息活動之範圍廣泛，包括公共場所、交通工具及住家等，諸如飯店、餐館、旅社、歌廳、影劇院、市場、雜貨店、食品工廠、儲藏室、車站、機場、碼頭、汽車、火車、飛機、船舶、住家廚房、餐廳、貯藏室、熱水管、暖爐、牆壁、家具之孔隙、裂縫、冰箱附近及垃圾堆等處，均可見到牠們的蹤跡。

19-1 蟑螂的特徵

所有蟑螂皆為陸棲性，不善飛翔，大部分生活於暗處，蟻巢、樹皮下、落葉及石塊下，僅有少部分棲息於家屋內，為重要之室內害蟲。蟑螂為雜食性昆蟲，耐飢性強，喜好高溫多濕的環境，在低溫時較不活動。

蟑螂身體背腹扁平、光滑、少數種類具細毛，體表顏色大多為紅棕色、灰色至黑色的保護色。身體分頭、胸、腹三部分。頭部於休息時常向腹面彎曲或下垂；當不取食時，口器向後伸長於第一對足之間，口器為咀嚼式。具彎豆形大型複眼一對，單眼一對。觸角絲狀，甚長，分為100 個左右之小環節；胸部之前胸背板發達，大多數種類中胸及後胸各具一對翅，前翅為革質、後翅為膜質，摺疊如扇狀隱蔽於前翅下方。翅質堅韌，前翅革質形成翅蓋(Tegmina)（圖 19-1）。氣孔 10 對，2 對在胸部，8 對在腹部。

雄蟑螂成蟲之腹端有一對不分節之腹刺(Stylus)及一對分節（約 16 節）之尾毛(Cercus)；雌蟑螂成蟲只有尾毛一對，腹部最末一節為第七節腹板，分二葉，可夾持產出之卵鞘(Ootheca)（圖 19-2）。足為疾走式，腿節及跗節上多刺，跗節有五節，端具雙爪，有懸墊，會分泌直徑微米級(10^{-6}; μm)的油脂，靠油脂表面張力產生的毛細現象順利爬上爬下，故能攀爬牆面不掉落。

圖 19-1　美洲蟑螂（雄性）

圖片來源：編著者自行拍攝。

圖 19-2　雌美洲蟑螂腹部末節夾持產出之卵鞘

蟑螂為不完全變態（漸進變態），分卵、若蟲及成蟲 3 期。卵一般產於卵鞘內，卵鞘形狀隨種類而異，可作為分類之依據，有些種類在未產完前，常攜於腹部末端，有於幼體孵化時始安置適當場所；少數營胎生或卵胎生，亦有某些種類是行使孤雌生殖（處女生殖）。孵化之若蟲需經 6~13 次脫皮。

蟑螂具有負趨光性及趨觸性，尤其是居家性蟑螂，某些居家性蟑螂常有聚集現象，此乃由於其本身所分泌之費洛蒙(Pheromone)作用的結果。

19-2 社區及居家常見的蟑螂種類

一、美洲蟑螂(*Periplaneta americana*)

美洲蟑螂廣泛分布於熱帶、亞熱帶及溫帶地區，為全世界共通種，性喜溫暖潮濕，常棲息於廚房、餐廳、潮濕之地下室或牆角縫隙，也常出現於垃圾堆積處及排水溝，為臺灣一般住家中最多且最活躍之種類。

本種為臺灣家居性蟑螂中最大形之種類，體長約 35~43 mm，體色為赤褐色至暗褐色，前胸背板淡黃色，中央具兩顆赤褐色大斑，周緣部具黃色輪紋，接近前原處有一“T”字形淡黃色斑。成蟲觸角甚發達，長度超過體長，雌、雄成蟲之翅亦發達，善飛翔。雄成蟲腹部末端除有一對尾毛外，尚有一對明顯的腳基突起，亦稱腹刺(Stylus)，此特徵可用以分辨雌、雄。

美洲蟑螂之生活史，依各地方及研究學者之不同常有出入，因其生活環需時甚長，故若蟲期、脫皮次數、成蟲期等的觀察結果，往往無法有一定的數值，大部分 Periplaneta 屬之蟑螂均為如此。每一雌蟲一生可產 20~60 個卵鞘，卵鞘自腹部末端伸出，約 2~3 天後便脫離母體，平均每隔 5 天產一卵鞘；卵鞘長約 8~9 mm，寬約 4~6 mm，形似扁平紅豆（圖 19-3），每一卵鞘含 16 顆卵，排成上下兩行，室溫時(25℃)約 40 天孵化為若蟲，若蟲期約為 1 年，若蟲因環境條件不同，脫皮約 10 次，最後一次脫皮終了，變為成蟲。剛羽化之成蟲體色為黃色，之後逐漸轉為紅棕色，羽化後通常經過 2 週才開始交配，交配數日後即可產卵。美洲蟑螂有孤雌生殖(Parthenogenesis)現象，但較少見，通常仍為交配後產卵。成蟲壽命在個體間差異很大，從 100~800 天不等，平均為 450 天，一般而言，雄蟲壽命較雌蟲短。

圖 19-3　美洲蟑螂之卵鞘

圖片來源：編著者自行拍攝。

二、澳洲蟑螂(*Periplaneta australasiae*)

澳洲蟑螂與美洲蟑螂在分類地位上屬於同一屬，故型態酷似，惟體型較小，體長 27~35 mm。其前翅前緣部有黃色縱帶為其重要特徵（圖 19-4）。本種雖名為澳洲蟑螂，但不表示原產於澳洲，其種名 *australasiae* 一字，係由澳洲及亞洲二字合成，可能指其分布而言；此種蟑螂緣自熱帶非洲，現已廣布於熱帶及亞熱帶地區。

澳洲蟑螂數量較美洲蟑螂為少，生活棲所習性則與美洲蟑螂類似，惟偏好較溫暖之環境，於熱帶地區一般發現於屋外，進而擴散入屋內；在溫帶地區常侷限於有加溫設施之溫室中，因而對設施作物也會造成為害。住家環境中，澳洲蟑螂之取食包括澱粉質及植物質食物，具有明顯的植食性，是許多溫室栽培作物的重要害蟲。

圖 19-4　澳洲蟑螂（雌性）腹部末節夾持卵鞘

澳洲蟑螂發育生長期之長短，因環境因子變化而有所差異。雌蟲產卵鞘之間隔時間約 10 天，一生可產 20~60 個卵鞘，每一卵鞘內有 20~24 顆卵。卵鞘產出後，卵約經 30 天孵化，孵化率約僅 67%。若蟲脫皮 10 次左右，若蟲期約 1 年，成蟲之壽命約 1 年。

三、棕色蟑螂(*Periplaneta brunnea*)

本種蟑螂廣布於熱帶及亞熱帶地區，原產地可能在非洲，在美國，於 1907 年首先在伊利諾州發現，之後各地亦有發現；日本方面，由南部逐漸普遍至北部，近年由於各種保暖設備發達，北部其它較寒冷之地區亦有分布；至於臺灣地區，1943 年前尚無記載，但 1974 年根據臺北市衛生局王正雄等之調查，臺北市住家及市場已普遍發現，如今棕色蟑螂已分布全臺灣（王，1997）。

棕色蟑螂與美洲蟑螂酷似常易混淆，其體型較美洲蟑螂小，約 25~30 mm，胸背板亦有輪紋，但為棕色所以較不明顯，此外，美洲蟑螂尾毛末端之長兩倍於寬，而棕色蟑螂尾毛末節則較短。

棕色蟑螂生活於住家內外，如廚房、浴室、豬舍、排水溝、樹皮中等，常以植物為食。本種與美洲蟑螂一樣，亦可行孤雌生殖，惟產下之卵孵化後皆為雌性；每一卵鞘所含卵數平均為 24 顆，卵期約 2 個月，於 30℃下若蟲脫皮 12 次，若蟲期約 3~5 個月。在自然界中，成蟲壽命約 1 年左右。

四、家屋蟑螂(*Neostylopyga rhombifolia*)

家屋蟑螂分布於熱帶及亞熱帶地區，特別是菲律賓群島附近，在臺灣亦有分布，但較少；本種通常生活於家屋內及戶外，諸如廚房、臥房、儲藏室、豬舍及垃圾堆等均有發現，但數量不多，雌成蟲在 24℃時可存活約 156 天，雄蟲則較少發現。

本種種名係由 Rhombus（菱形）與 Folium（葉狀）兩字合成，係指其前翅之特徵而言，其型態與其他居家性蟑螂殊異，體長約 20~25 mm，暗褐色，頭頂部呈黃色，胸部及腹部背面也具有黃色斑紋，故亦稱花斑蟑螂(The Harlequin Cockroach)，前翅在中胸兩側退化成小型葉片狀，後翅缺如。足黃褐色，尾毛細長約具 14 節。

雌蟲可行孤雌生殖，但產下之若蟲很快便會死亡，交尾後雌蟲所產的卵鞘能產約 22 隻若蟲，在 27℃的飼養下若蟲期約 286~320 天。

五、灰色蟑螂(*Nauphoeta cinerea*)

本種為世界共通種，喜食動物性食物，常侵入麵粉工廠、食物貯藏所等，東非可能為原產地，現已廣布於熱帶及亞熱帶地區；在臺灣於住家偶有發現，通常在倉庫中。英文名字為龍蝦蟑螂(Lobster Cockroach)，取其前胸背板花紋類似龍蝦之意，另外又稱灰色蟑螂(Cinereous Cockroach)，則是因其體色而命名。

灰色蟑螂全身灰棕色，有深色斑點密布，前胸背板以及翅鞘均有不規則斑點，成蟲體長 25~29 mm，雄蟲之翅較雌蟲稍長，但未覆蓋腹部。若蟲的前胸背板和腹部背板前側緣均有斑點。

灰色蟑螂為假性卵胎生(False Ovoviviparous)，每一個卵鞘內有 26~40 顆卵，當卵鞘自母體排出時，卵即孵化為若蟲。若蟲期約 73~94 天，期間脫皮 7~8 次，羽化後 6 天開始交尾，成蟲壽命約 344~365 天。

六、潛伏蟑螂(*Pycnoscelus surinamensis*)

潛伏蟑螂亦為世界共通種，是一種挖洞穴居的蟑螂，性喜棲息鄉間廚房、花盆下、落葉或垃圾堆底部；而野外生活的潛伏蟑螂，可在石頭下掘穴鑽土潛伏，以植物為食，為園藝害蟲。

潛伏蟑螂體長約 18~24 mm，前胸背板黑褐色，其前緣有一狹長淡黃色帶。翅為淡黃色，腹面呈黃棕色，與前胸形成明顯對比，故又稱雙色蟑螂(The Bicoloured Cockroach)。成蟲前胸背板前緣具一淡色帶，雌、雄成蟲之翅均發達，前翅前緣部有淡黃色縱紋。若蟲體色為暗褐色，觸角甚短，基部周緣具黃色輪紋。

潛伏蟑螂之生殖方式為孤雌生殖和卵胎生(Ovoviviparity)；卵鞘在雌蟲體內形成，為淡色新月狀，長約 12~15 mm，其齒狀缺刻指示出鞘內卵位置。每一雌蟲可產 1~5 胎，每一卵鞘內的卵數變化很大，平均約 26 顆。若蟲期在室溫下約 127~184 天，期間脫皮約 8~10 次，成蟲平均壽命約 300 多天。

七、德國蟑螂(*Blattella germanica*)

德國蟑螂源自非洲，又稱茶翅蟑螂或俄國蟑螂（圖 19-5），分布最廣，幾乎遍及世界各地。性喜溫暖潮濕之環境，如汙水排水溝、近煙囪、爐具、水槽下或垃圾堆置等處，食性屬雜食性。生活史短、繁殖力強，如一對德國蟑螂一年可繁殖十萬隻後代，為家屋中最重要之害蟲。德國蟑螂之直腸分泌細胞能分泌一種強力誘引劑，使得該種蟑螂有聚集作用，此種分泌物稱為集合費洛蒙(Aggregation Pheromone)，此亦可說明為何蟑螂皆喜好聚集之原因。其在臺灣雖普遍分布，但在家屋內較少，通常出現於旅館、飲食店等公共場所，以及公共汽車、火車等交通工具。根據魏(1975)的調查結果顯示，臺灣以美洲蟑螂較多，但近年於臺北市的調查，德國蟑螂已躍升居家性蟑螂之第一位（劉等，1989；徐，1990）。

德國蟑螂為居家蟑螂中個體最小的一種，體長約 10~15 mm，淡黃褐色，前胸背板具有黑帶，黑帶中央為一淡色條紋，因而使該黑帶形成兩條縱走黑色條紋。雌蟑螂之翅覆蓋整個腹部，而雄蟑螂之腹端則露出翅外，雌雄成蟲之翅均發達，有時可飛翔。

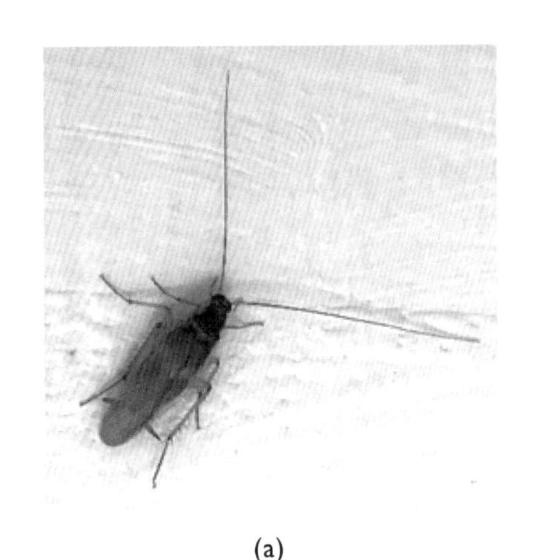

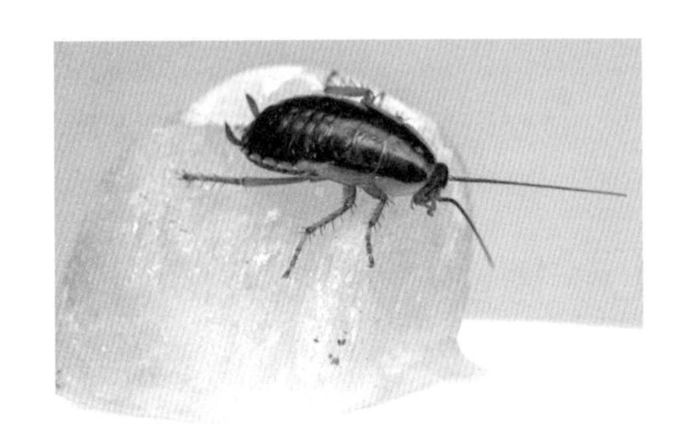

(a) (b)

圖 19-5　德國蟑螂。(a)成蟲；(b)稚蟲

圖片來源：編著者自行拍攝。

雌蟲之體寬大於雄蟲，每一雌蟲一生可產卵鞘 4~9 個，卵鞘平均大小約長 8.4 mm、寬 3.6 mm，卵鞘內之卵並排成二列，每一卵鞘所含之卵數約 30~38 顆，表面所具條紋數與鞘內卵數相當。卵發育期間，由雌蟲將部分突出之卵鞘攜帶在腹部末端，直到卵即將孵化時，卵鞘才脫離母體（圖 19-6）。卵約 22 天孵化成若蟲，若蟲期約 8~12 週，期間經 6 個齡期，脫皮 5 次變為成蟲。在室溫下成蟲壽命約 95~142 天。

圖 19-6　德國蟑螂（雌性）將卵鞘攜帶在腹部末端，直到卵即將孵化時才脫離母體

19-3 蟑螂的危害及疾病傳播

蟑螂帶給民眾的印象為令人厭惡(Nuisance)、疾病傳播及髒亂的環境，其危害不亞於蚊蟲、蒼蠅及老鼠，是公共衛生議題中最大的害蟲之一。蟑螂是重要的衛生害蟲，其會散播汙穢、汙染食物、咬壞書類、家具，取食時有邊排泄的習性，口器及腺體皆會分泌噁心的油狀液及味道，此異味可長時間持續。蟑螂亦會偵測味道找尋食物，甚至有攻擊人類的記錄(Rozendaal, 1997)。

根據 Mullins 和 Cochran (1973)之報告，美洲蟑螂的排泄物成分內具有基因突變原或致癌物；而目前已證實蟑螂能傳播的疾病包括痢疾、霍亂、癩皮病、鼠疫、傷寒、病毒性疾病（如小兒麻痺症、A 型肝炎）(Tarshis, 1962; Rozendaal, 1997)。此外，蟑螂亦能攜帶寄生蟲卵及導致過敏性反應，如皮膚炎、癢、眼瞼紅腫及嚴重的呼吸道症狀(Stankus et al., 1990; Arruda et al., 2001)。

19-4 蟑螂的防治

蟑螂之防治首重環境衛生，如保持室內清潔、加強環境整頓、清理垃圾、廚餘須作完善處理等，尤其就寢前，應將廚房、浴室、盥洗盆之排水孔密蓋，以防藏匿水溝內之蟑螂沿排水管侵入室內。現行較常用的防治法如下所述。

一、施用餌劑

可利用硼酸粉、麵粉與玉米粉混合製成毒餌，或以 10%硼酸粉加 90%細糖粉為誘餌，皆可有效誘殺、防治德國蟑螂。餌劑中可用之藥劑主成分如安丹、亞特松或磺胺藥物等，可免除如藥劑噴灑時隨處飄散及空汙，造成人畜吸入性傷害之缺點，亦即減少環境汙染機會。

使用餌劑之重要條件，應先清理環境，將蟑螂可利用的食物清除才能發揮防治效果。一般以含毒餌之捕蟑屋或捕蟑盒較實用，尤其是在殺蟲劑不能施用的敏感地區，如飼料工廠、養蟲室及研究試驗場等地。

二、殘效性噴灑

殘效性殺蟑劑之劑型包括乳劑、粉劑和顆粒劑等，一般使用氣壓式噴霧器，配以針孔水流噴頭、熱煙霧發生器及噴粉器，依環境地形地物配合施用。殘效噴灑乳劑一般用於玻璃板、不銹鋼家具、磁磚等光滑表面，噴灑後使形成一藥劑薄膜，當蟑螂爬行其上，殺蟲劑便可由蟑螂足端或腹部各節之節間膜，滲透侵入體內，達觸毒致死之效果。

目前市面上較受歡迎的殘效性殺蟲劑為微膠囊殺蟲劑(Microencapsulated Insecticide)，是一具有安全性、穩定性及長效性之劑型，有效期長達 6~12 個月。灑布殘效粉劑可施用於須保持乾燥之環境和不能使用乳劑之處，但不可灑布於潮濕表面，以免影響藥效。一般粉劑所含之藥劑如 2%大利松、2%亞特松等。此外，殺蟲劑殘效處理之後，可用除蟲菊類藥劑對蟑螂隱身之空隙、裂縫作熱煙霧、氣噴或超低容量(ULV)噴灑，將隱棲其內的蟑螂驅趕出來，增加接觸藥劑之機會，加速其中毒致死（周，1991）。

三、性費洛蒙及生長調節劑

利用蟑螂性費洛蒙配合製成之黏蟑紙、黏蟑板、捕蟑盒或捕蟑屋等以誘殺蟑螂；如蜚蠊酮(Periplanone)，應用於誘捕美洲蟑螂之雄蟲及若蟲成效甚佳。而捕獲之雄蟑螂會釋放聚集性費洛蒙，可引誘雌蟲及若蟲（周、楊，1990）。

昆蟲生長調節劑之應用，一般常選擇青春激素類似物，如百利普芬(Pyriproxyfen)、Hydroprene、Fenoxycarb 與幾丁質合成抑制劑，如二福隆(Diflubenzuron)和 Alsystin 等，造成蟑螂無法正常生長或抑制新表皮形成，達到防治目的。

四、生物防治

蟑螂的天敵有壁虎、蜘蛛〔最常見的為白額高腳蜘蛛(*Heteropoda venatoria*)〕、蠍子、蜈蚣、蚰蜒、螞蟻、蟾蜍、蜥蜴和錢鼠等；而對其種群數量起控制作用的天敵，則是膜翅目的蜂類，如捕食性天敵長背泥蜂科(Ampulicidae)，其中最知名的為扁頭泥蜂，以及寄生性天敵旗腹姬蜂科(Evaniidae)、跳小蜂科(Encyrtidae)、旋小蜂科(Eupelmidae)、姬小蜂科(Eulophidae)等（劉，2010）。

在臺灣，美洲蟑螂及澳洲蟑螂之寄生性天敵為卵寄生蜂，即瘦蜂科之瘦蜂(*Evania appendigaster*)與姬小蜂科之寄生小蜂(*Tetrastichus hagenowii*)，可寄生於蟑螂的卵鞘中破壞其卵（李，2000）。

五、綜合防治

綜合防治即是將上述兩種或兩種以上的方法，配合居家環境之地形、地物，同時應用於蟑螂防治上，如環境整頓配合殺蟲劑處理。

在有害生物綜合防治(IPM)之理念下實施害蟲防治措施時，除了考量防治效果外，尤須注意應對環境汙染、空氣汙染、人畜傷害等之程度減至最低。

課後複習

( ) 1. 以下何種特徵可用以分辨蟑螂的雌、雄性別？(A)觸角 (B)前胸背板輪紋 (C)尾毛 (D)腹刺

( ) 2. 雌美洲蟑螂(*Periplaneta americana*)所產的每一卵鞘內約含有幾顆卵？(A) 14~24顆 (B) 15~84顆 (C) 30~50顆 (D) 46~56顆

( ) 3. 美洲蟑螂(*Periplaneta americana*)成蟲壽命平均約幾天？(A) 120天 (B) 200~300天 (C) 350天 (D) 450天

( ) 4. 一對德國蟑螂(*Blattella germanica*)一年可繁殖成為幾隻後代？(A)一萬隻 (B)六萬隻 (C)十萬隻 (D)十二萬隻

( ) 5. 雌德國蟑螂(*Blattella germanica*)所產的每一卵鞘內約含有幾顆卵？(A) 4~8 (B) 14~24 (C) 30~38 (D) 40~48

( ) 6. 美洲蟑螂(*Periplaneta americana*)成蟲能傳播下列何種疾病？(A)痢疾 (B)鼠疫 (C)小兒痲痺症 (D)以上皆是

( ) 7. 微膠囊殺蟲劑(Microencapsulated Insecticide)有效期可長達多久？(A) 3個月 (B) 3~6個月 (C) 6~12個月 (D) 12~18個月

( ) 8. 蜚蠊酮(Periplanone)應用於誘捕下列蟑螂之雄蟲及若蟲成效甚佳？(A)德國蟑螂 (B)美洲蟑螂 (C)澳洲蟑螂 (D)以上皆是

( ) 9. 以下何種蟑螂可行孤雌生殖(Parthenogenesis)？(A)棕色蟑螂 (B)美洲蟑螂 (C)潛伏蟑螂 (D)以上皆是

( ) 10. 以下何種蟑螂源自非洲，又稱茶翅蟑螂或俄國蟑螂？(A)棕色蟑螂 (B)美洲蟑螂 (C)德國蟑螂 (D)以上皆是

( ) 11. 雌美洲蟑螂成蟲平均每隔幾天可產一卵鞘？(A) 3天 (B) 5天 (C) 7天 (D) 9天

( ) 12. 下列何種蟑螂以植物為食，為園藝害蟲？(A)潛伏蟑螂 (B)澳洲蟑螂 (C)美洲蟑螂 (D)德國蟑螂

解答｜DADCC DCBDC BA

CHAPTER 20

食品作業場所病媒防治

本章大綱

食品製造和料理場所的病媒蟲、鼠類，常造成產品夾雜異物，當產品中有蟲體汙染而未發現，銷售至消費者手中而引起客訴事件，將造成商譽受損，進而影響消費者信心，而食品病媒蟲和鼠類帶來的困擾包括：(1)危害食品安全：如缺陷、汙染、黴菌滋生；(2)經濟損失：如增加處理成本、設備受損；(3)食物中毒、公共危險；(4)商譽損失：如品牌商譽受損，使商品下架等。

食品作業場所的環境及結構，可以決定害蟲的入侵途徑、躲藏與種類，而管理清潔維護則可決定發生的頻率與數量，如市區周邊餐飲店面容易誘引老鼠及蚊、蠅等地棲性蟲害集聚，隨著結構縫隙、加建部分及各類管線／孔洞等侵入，又如作業場所封閉性不佳，易遭鼠類及野貓侵入。

若作業場所較為擁擠、髒亂，則可能形成蠅類、蟑螂、老鼠等的孳生環境；若比較潮濕且通風不良，則易孳生衣魚、衣蛾、書蝨、塵蟎等蟲害。此外，廚餘、垃圾未每日清除且無加蓋，也易孳生蒼蠅、果蠅、蟑螂、螞蟻等害蟲。大樓地下室抽／排水功能及汙水、化糞池分解功能不佳或易淤積汙水等，皆可能導致家蚊、蛾蚋等害蟲大量孳生，亦會產生跳蚤。以上多是因環境不良所造成的蟲害問題，欲有效防治以上害蟲，首要即是改善食品作業場的環境，其次是物理防治措施，最後才是使用化學性藥劑來防除。

20-1 食品作業場所的病媒集團

食品作業場所的主要病媒集團包括鼠類、蟑螂及蠅類（表 20-1）；食品作業場所次要病媒集團包括果蠅、螞蟻、蛾蚋、衣魚及衣蛾等（表 20-2）。此外，尚有一群積穀害蟲類，如米象、玉米象、綠豆象、小紅鰹節蟲、煙甲蟲、鋸胸粉扁蟲、外米偽步行蟲、麥蛾、外米綴蛾、粉班螟蛾、穀蠹、大穀盜等（表 20-3）。

▶ 表 20-1 食品作業場所主要病媒集團

食品作業場所主要病媒集團	常見種類	特性	傳播疾病	防治原則
鼠類	溝鼠（體重約 400 gm）	1. 竊取糧食、汙染食物，造成經濟損失 2. 咬壞衣物、家具、電線、電纜，甚至掘洞，毀壞建築物 3. 干擾人類之精神生活	1. 鼠類常出現於下水道、廁所、廚房等處，經由其足、體毛及胃攜帶物傳播病原菌 2. 鼠體外寄生蟲如蚤、蜱、蟎等 3. 帶有病原體的排泄物汙染水源或食物致病	1. 食物殘渣清理乾淨 2. 食材一定要放入冰箱 3. 確實檢查通往室外的孔洞並設法堵塞 4. 使用擋鼠板 5. 運用各種捕鼠籠、捕鼠夾或黏鼠板捕殺
	屋頂鼠（體重約 150 gm）			
	月鼠（體重約 15 gm）			
蟑螂	美洲蟑螂（體長約 40 mm）	1. 雜食性；什麼都可以吃 2. 夜行性，喜歡躲在溫暖、潮濕、黑暗的地方 3. 適應力強，有人的地方蟑螂都能存活	1. 腹瀉、痢疾、霍亂、癩皮病、鼠疫、傷寒、A 型肝炎 2. 導致過敏性反應，包括皮膚炎、癢、眼瞼紅腫及呼吸道症狀	1. 不讓牠來、不讓牠吃、不讓牠住 2. 使用捕蟑屋、殺蟲劑
	澳洲蟑螂（體長約 30 mm）			
	德國蟑螂（體長約 10 mm）			

▶ 表 20-1　食品作業場所主要病媒集團（續）

食品作業場所主要病媒集團	常見種類	特性	傳播疾病	防治原則
蠅類	普通家蠅（體長約 6 mm） 大頭金蠅（體長約 11 mm） 紅尾肉蠅（體長約 15 mm）	1. 飛行常往來於垃圾堆、糞坑、廁所、畜舍、廚房及餐廳間 2. 喜以足擦面抹身，造成細菌滿布全身，取食時又有嘔吐嘔點及到處排糞的習慣	1. 痢疾、腹瀉、傷寒、霍亂、黴菌、砂眼、流行性結膜炎及寄生蟲感染 2. 在公共場所會對人們造成嚴重騷擾	1. 清除各種有機物和消滅孳生源為防治蒼蠅的關鍵 2. 裝設紗門及紗窗或空氣簾，阻止蒼蠅進入室內 3. 利用黏蠅紙、黏蠅板、捕蠅燈等

▶ 表 20-2　食品作業場所次要病媒集團

食品作業場所次要病媒集團	常見種類	特性	防治原則
果蠅	黑腹果蠅（體長約 2.5 mm） 東方果實蠅（體長約 7.5 mm） 瓜實蠅（體長約 8.0 mm）	1. 常在腐爛的水果及蔬菜、垃圾桶、食品釀造廠及餐廳廚房中生長和繁殖 2. 能在短期內族群迅速增長，造成寄主果實落果及腐爛，失去商品價值	1. 施用誘殺燈、誘殺片、黃色黏板等降低果蠅族群，減少對果實的危害 2. 利用 90% 含毒甲基丁香油誘蟲燈或遮板，周年誘殺以降低族群 3. 使用除蟲菊精類水性殺蟲劑，在廚房水槽、垃圾桶或果蠅較多的地方驅除效果佳

▶ 表 20-2 食品作業場所次要病媒集團（續）

食品作業場所次要病媒集團	常見種類	特性	防治原則
螞蟻	小黃家蟻（體長約 2.0 mm） 中華單家蟻（體長約 2.0 mm） 小黑蟻（體長約 2.5 mm）	1. 蟻類喜食甜食，如糖漿、蜜糖、果汁、果醬、糕點、餅乾、果凍、蜜餞、油脂、潤滑油、鞋油及蟑螂屍體 2. 性好電磁波，常鑽進電器設備內，危害電器 3. 常有叮咬人或寵物的情況發生	1. 防治蟻類概念：密封、清潔、去除、脫水 2. 施用誘殺劑，如硼酸糖液 3. 使用忌避劑，如辣椒粉、蒜粉、硼砂、滑石粉、痱子粉、薄荷油、萬金油、樟腦油或薰衣草精油等
蛾蚋	白斑大蛾蚋（體長約 3.5 mm） 星斑蛾蚋（體長約 3.0 mm）	1. 常停在大樓地下室汙水池附近、公共廁所、居家浴室牆上、小便斗、洗手台上 2. 主要以環境中腐敗有機質為食 3. 幼蟲主要孳生在含有腐敗有機質的淺水域，如化糞池、汙水池、廁所、浴室洗臉台、地板積水、廚房水槽、潮濕的抹布	1. 環境保持乾燥整潔，可減少廁所蛾蚋的數量 2. 蛾蚋的飛行能力差，使用電蚊拍可有效清除 3. 殺蟲劑加水稀釋，打開排水孔噴灑完再蓋上，1 個小時後即可達到有效清除 4. 應用「小蘇打粉」，加入精油混合裝成小包，掛於廚房、浴室及廁所，能有效驅除蛾蚋

▶ 表 20-2 食品作業場所次要病媒集團（續）

食品作業場所次要病媒集團	常見種類	特性	防治原則
衣魚	臺灣衣魚（體長約 10 mm）	1. 衣魚常群聚於麵粉工廠、麵包店等溫暖潮濕的環境，耐饑力強 2. 喜歡啃食書籍、纖維、紡織及動物製品 3. 可隨器物搬遷而傳播；當搬運書櫃、書架、書箱時，其中成蟲、幼蟲和卵可隨之傳播到異地	1. 混合比例為 1:1 的硼砂和砂糖，能有效殺除衣魚 2. 氯化銨水的氣味能於 24 小時內驅趕衣魚 3. 使用樟腦丸、萘丸可以讓衣魚不敢靠近
	斑衣魚（體長約 11 mm）		
	絨毛衣魚（體長約 8 mm）		
衣蛾	袋衣蛾（筒巢長約 8 mm）	1. 幼蟲生活於居家角落和衣櫃，吐絲結巢形狀像橢圓形的扁袋子（俗稱瓜子蟲） 2. 幼蟲行動緩慢，以羊毛、毛髮、毛皮、羽毛為食 3. 會破壞紡織品；在圖書館或博物館會危害動物標本 4. 筒巢常出現在牆壁、天花板、樓梯間、地下室、儲藏間及蜘蛛網附近	1. 維持環境乾燥、通風，定期打掃整頓 2. 環境控制的設施保持低溫、低濕及清潔，並實施藥劑熏蒸處理 3. 可以噴灑陶斯松 (0.5% Chlopyrifos) 或大利松 (0.5% Diazinon)等殺除衣蛾
	衣蛾（筒巢長約 11 mm）		

▶ 表 20-3 食品作業場所的積穀害蟲集團

食品作業場所積穀害蟲集團		常見種類及圖示	特性	危害
鞘翅目	象鼻蟲科	 米象 (*Sitophilus oryzae*)	1. 體長約 3.0 mm；成蟲用口器將穀物嚙成深孔，並產卵於孔內 2. 幼蟲孵化後以穀粒為食，並逐漸嚙成中空，蟲糞則排於穀粒外	主要為害糙米、白米、小麥等，但對其他穀物亦有害
	象甲科	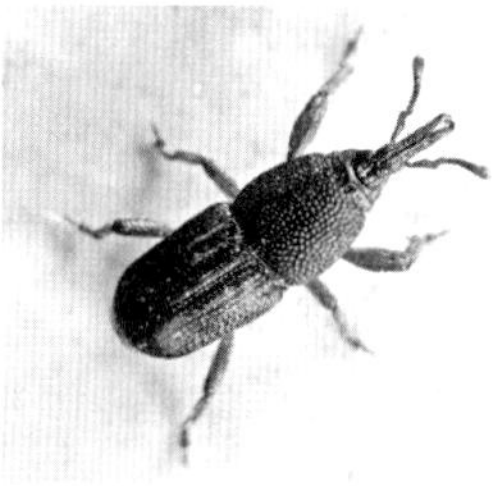 玉米象 (*Sitophilus zeamais*)	1. 體長 3.5 mm；是儲糧的頭號害蟲，也是世界性的重要儲糧害蟲 2. 成蟲啃食、幼蟲蛀食穀粒	玉米、高粱等雜糧作物最常見且危害最嚴重之積穀害蟲；對糙米或白米等儲穀亦造成危害
	金花蟲科	 綠豆象 (*Callosobruchus chinensis*)	1. 體長 2.5 mm；是世界性的儲糧害蟲，蛀食各種豆類；綠豆受害最烈 2. 懂得裝死以逃避天敵寄生蜂 3. 幼蟲在豆粒內越冬；成蟲善飛，在豆粒上產卵	菜豆、豇豆、扁豆、豌豆、蠶豆、綠豆、赤豆等

▶ 表 20-3　食品作業場所的積穀害蟲集團（續）

食品作業場所積穀害蟲集團		常見種類及圖示	特性	危害
鞘翅目	鰹節蟲科	小紅鰹節蟲 (*Trogoderma granarium*)	1. 體長 2.5 mm；成蟲耐飢力強，夜間活動，具假死性 2. 幼蟲取食糙米外表皮，被害後變成白米；危害嚴重時，嚙食成碎米狀	糙米、小麥、花生、玉米、甘藷簽、豆粉、餅乾、乾果等
	蛛甲科	煙甲蟲 (*Lasioderma serricorne*)	1. 體長 3.5 mm；成蟲有假死性，善飛，喜黑暗於夜間活動最強 2. 幼蟲負趨光性，喜蛀入穀粒或菸葉內部蛀食 3. 幼蟲老熟後停止取食，以分泌物綴食物殘屑在寄主縫隙中做成半透明白色堅韌薄繭，化蛹	菸葉、蒜球、甘藷簽、花生、餅乾、飼料、乾果、油料種子、乾椰子肉、麵粉、胡桃肉、蜜餞等
	扁穀盜科	鋸胸粉扁蟲 (*Oryzaephilus surinamensis*)	1. 體長 3.0 mm；成蟲及幼蟲均為害貯穀 2. 幼蟲性活潑，嚙食穀物外部或侵入其他害蟲所穿的孔隙中，尤喜取食胚芽	稻穀、米、麥、高粱、甘藷簽、花生、餅乾、飼料、乾果、油料種子、乾椰子肉、麵粉、胡桃肉、蜜餞等

▶ 表 20-3 食品作業場所的積穀害蟲集團（續）

食品作業場所積穀害蟲集團		常見種類及圖示	特性	危害
鞘翅目	偽步行蟲科	外米偽步行蟲 (*Alohitobius diaperinus*)	1. 體長 6.0mm；成蟲與幼蟲均在暗處潮濕而腐敗之穀物中，或在倉底、地板下及牆壁角落處取食穀粉，很少直接危害穀物 2. 此蟲在製粉機械內常有發生	米穀、米糠、大麥、小麥、玉米、豆類、粉科、中藥材等
	長蠹蟲科	穀蠹 (*Rhyzopertha dominica*)	1. 體長 4.0 mm；成蟲及幼蟲均為害穀類 2. 幼蟲孵化後即嚙食穀粒內部，老熟幼蟲即在穀粒內化蛹	主要食害穀物，亦會蛀食木材、竹器，留下蛀孔可供其他害蟲潛伏。發生嚴重時，常能引起積穀發熱，導致積穀變質
	穀盜科	大穀盜 (*Tenebrioides mauritanicus*)	1. 體長 8.0 mm；成蟲性凶猛，常捕食同類幼蟲 2. 成蟲及幼蟲均食害完整米穀之胚	米穀、小麥、玉米、高粱、花生、甘藷簽等

▶ 表 20-3　食品作業場所的積穀害蟲集團（續）

食品作業場所積穀害蟲集團		常見種類及圖示	特性	危害
鱗翅目	旋蛾科	麥蛾 (*Sitotroga cerealella*)	1. 體長 6.0 mm；成蟲經由種皮上的圓形小孔中羽化，是積穀散裝倉中為害最嚴重之鱗翅目害蟲 2. 雌蟲產卵於穀粒表面，卵孵化後幼蟲蛀入穀粒中為害，糞便堆積穀粒內，被害穀粒易破碎	稻穀、糙米、玉米、高粱、大麥、小麥、黑麥、蕎麥、裸麥、乾果、豆類等儲穀
	螟蛾科	外米綴蛾 (*Corcyra cephalonica*)	1. 體長 13 mm；成蟲於交配後產卵於穀屑或糙米外表面，孵化幼蟲侵入穀屑堆中或袋內米中吐絲結成厚絲網，使穀及米結塊，幼蟲潛伏其內取食為害甚嚴重 2. 幼蟲有同類相殘的習性，也常被擬穀盜的幼蟲、成蟲所捕食	為糙米或白米最常見之鱗翅目積穀害蟲，常在碾米環境的碎米或碾米設備中繁殖，造成糙米或白米在碾米過程中受此蟲汙染危害。當小包裝米包裝後短時間即造成危害，導致小包裝米退貨
		粉斑螟蛾 (*Cadra cautella*)	1. 體長 7.0 mm；幼蟲嚙食穀粒之胚芽部或表皮，在穀物表面吐絲結繭藏於其中 2. 日久因所排糞便，造成穀物發臭及變質	為蒜球儲藏之主要鱗翅目害蟲，亦危害米穀、米糠、種子、玉米、大豆、蒜頭、花生、麵粉、奶粉、香料、糖果、巧克力、藥材、昆蟲標本等，食性甚雜

20-2 積穀害蟲的防治方法

一、預防措施

1. 保持產品包裝完好。
2. 清除灑落在房屋內的食品性殘渣、粉末。
3. 產品放置在低溫倉庫內(<15℃)。
4. 保持產品快進、快出。
5. 保持房間內清潔，無食品性垃圾。
6. 一旦發現有害蟲侵入，立即找出源頭並隔離處理。

二、物理防治法

1. 改良倉庫之通風、防濕、防熱、防蟲鼠等設備，使蟲鼠害問題相對減少。
2. 控制倉庫內的溫度、濕度和氣流等，減少害蟲增殖與為害，降低穀物霉變。如高溫、低溫防治法或通入二氧化碳、氮氣，使昆蟲因缺氧而致死。
3. 利用伽馬(γ)射線、紅外線或無線電波等處理受害穀物，除可直接殺死害蟲外，亦可使害蟲遺傳上產生缺陷，無法正常繁殖後代。
4. 利用燈光誘引或改良穀物的包裝方法，均可減少害蟲的發生及損失。

三、生物防治法

1. 天敵防治：利用捕食性、寄生性的昆蟲、蟎類或蜘蛛，控制害蟲的族群發展，如斑郭公蟲、大穀盜、捕食蟎及米象小蜂等。但此法較不易實施，因天敵棲群建立之前，害蟲可能已造成重大損失。

2. 微生物法：近期研究指出以微生物劑防治鱗翅目積穀害蟲有相當成效，如蘇力菌可防治印度穀蛾及粉斑螟蛾。

3. 性費洛蒙：利用其誘殺積穀害蟲或篩選抗蟲品種之穀類，亦可減少害蟲感染為害。

四、化學防治法

1. 噴粉劑法：適合密閉性較差的倉庫，如磚造、木造、力霸式倉庫。使用時需選擇低毒性粉劑較為安全。

2. 燻煙劑法：必須配合密閉性較佳的倉庫才能使用。藥劑經煙霧機氣化噴出煙霧狀，進而擴散至倉庫各部，能均勻落藥。

3. 燻蒸劑法：必須配合密閉性較佳的倉庫才能使用，是所有防治法中效果最好的方法。藥劑於施放後慢性氣化與空氣混合，除有殺蟲效果外，對其他生物均有毒殺效果，故在使用此法時，應特別小心並有適當防範措施，以免造成意外。

4. 在空倉時亦可使用乳劑噴灑倉庫，以除滅牆壁、窗戶或倉底隱藏的害蟲。

20-3 食品作業場所病媒蟲、鼠類的防治概念

防治食品病媒蟲和鼠類的首要工作，即作業場所的環境清潔、物料管理、成品儲存和作業員的衛生教育，重點如下：

1. 環境清潔：如整理設備、物資及產品，並減少庫存。維持整齊乾淨的作業環境，無垃圾、無孳生源。

2. 物料管理：如整頓物資及產品，使之易存、易取。

3. 成品儲存：持續保潔、空氣流通、無清潔死角。

4. 衛生教育：作業員養成遵守標準操作的習慣。

上述的工作達標後，食品作業場所病媒蟲、鼠類的危害分析及重點管制才有辦法落實，如：(1)成立食品安全管制小組；(2)病媒危害風險分析；(3)殺蟲劑濫噴汙染食材、餐具等化學中毒之風險評估；(4)檢測有害生物蹤跡、鑑定病媒種類、追蹤孳生源、棲息場所、入侵管道等重要管制點；(5)定期病媒監測及記錄，建立管制界限；(6)執行飛行性、爬行性等有害生物之監測，避免造成災害；(7)定期通盤檢討及改善施作技巧，確認執行之有效性；(8)以上文件記錄之撰寫及保存，落實食品作業場所病媒蟲、鼠類的危害管制與作業員管理。

課後複習

( )1. 下列何者為第一代抗凝血劑型的殺鼠劑(Rodenticide)種類，且有些鼠類已對此藥劑產生抗藥性？(A)殺鼠靈(Warfarin) (B)可滅鼠(Brodifacoum) (C)撲滅鼠(Bromadiolone) (D)以上皆是

( )2. 下列何者為第二代抗凝血劑型的殺鼠劑(Rodenticide)種類？(A)殺鼠靈(Warfarin) (B)可伐鼠(Chlorophacinone) (C)可滅鼠(Brodifacoum) (D)得伐鼠(Diphacinone)

( )3. 雌溝鼠(*Rattus norvegicus*)每胎約可產幾隻幼鼠？(A) 4~6隻 (B) 8~12隻 (C) 14~16隻 (D) 16~20隻

( )4. 雌家鼷鼠(*Mus musculus*)每年約可生產幾胎？(A) 4~6胎 (B) 8胎 (C) 8~10胎 (D) 10~12胎

( )5. 下列何者為鼠糞直接媒介傳播之疾病？(A)漢它出血熱(Hantaan Haemorrhagic Ferver) (B)螺旋體性黃疸病(Spirochetal Jaundice) (C)旋毛蟲症(Trichinosis) (D)以上皆是

( )6. 下列何者為鼠尿直接媒介傳播之疾病？(A)漢它出血熱(Hantaan Haemorrhagic Ferver) (B)原蟲症(Protozoiasis) (C)旋毛蟲症(Trichinosis) (D)志賀氏桿菌病(Shigellosis)

( )7. 下列何者為劇毒性的殺鼠劑(Rodenticide)，老鼠只需一次取食少量的毒餌，短時間內即中毒死亡？(A)氟醋酸納(Sodium Fluoroacetate) (B)紅海蔥(Red Squill) (C)磷化鋅(Zinc Phosphide) (D)以上皆是

( )8. 美洲蟑螂(*Periplaneta americana*)雄成蟲腹部末端除有一對尾毛外，尚有一對明顯的腳基突起，稱為？(A)尾突 (B)尾刺 (C)腹棘 (D)腹刺

( )9. 美洲蟑螂每一卵鞘所含之卵數約幾顆？(A) 15~84 (B) 30~46 (C) 14~24 (D) 40~60

( )10. 美洲蟑螂成蟲壽命平均為幾天？(A) 120 (B) 260 (C) 300 (D) 450

( )11. 下列何種蟑螂可行孤雌生殖(Parthenogenesis)？(A)棕色蟑螂 (B)美洲蟑螂 (C)潛伏蟑螂 (D)以上皆是

( )12. 德國蟑螂每一卵鞘所含之卵數約幾顆？(A) 14~18 (B) 30~38 (C) 40~60 (D) 20~28

( )13. 德國蟑螂的哪一個器官分泌細胞能分泌一種強力誘引劑，使得該種蟑螂有聚集之作用？(A)直腸分泌細胞 (B)口器唾液腺 (C)第一對足 (D)尾毛

( )14. 微膠囊殺蟲劑(Microencapsulated Insecticide)，其有效期可達多久？(A)半年到一年 (B) 3~4個月 (C) 3~4週 (D) 30~60天

( )15. 蜚蠊酮(Periplanone)應用於誘捕何種蟑螂的雄蟲及若蟲成效甚佳？(A)棕色蟑螂 (B)美洲蟑螂 (C)潛伏蟑螂 (D)以上皆是

( )16. 蠅蛆準備化蛹時會鑽入土壤中，皮膚縮成圓筒狀的褐色蛹殼，經多久後即可羽化為成蟲？(A) 6~8小時 (B) 12~18小時 (C) 2~3天 (D) 4~5天

( )17. 灰腹廁蠅(*Fannia scalaris*)雌蠅，在35℃的環境從產卵到卵孵化所需的時間約多久？(A) 6~8小時 (B) 10~12小時 (C) 12~18小時 (D) 24~48小時

( )18. 普通家蠅(*Musca domestica*)成蟲在圍蛹內形成後，會利用何種器官弄破圍蛹末梢的前端，伸出兩對翅膀，然後很快地爬出？(A)口器之唇瓣 (B)前額囊 (C)第一對足 (D)身體大量吸氣膨脹

( ) 19. 雌成蠅能分泌一種費洛蒙(Muscalure)，它能吸引下列何者？(A)雄蠅 (B)雌蠅 (C)雄蠅及雌蠅 (D)年輕的雄蠅

( ) 20. 蠅格子(Fly Grill)調查法是利用蠅類喜停留在邊緣或稜線上之習性，計算多久時間內停在蠅格子上之蠅數目？(A) 3~5秒 (B) 30秒 (C) 60秒 (D) 3~5分鐘

( ) 21. 蠅指數(Fly Index)的判定標準，評估等級為「可」的室內(Door Open)小型蠅格子指數為何？(A) <3 (B) 3~5 (C) 5~10 (D) 10~15

( ) 22. 蠅指數(Fly index)的判定標準，評估等級為「可」的室內(Door Close)小型蠅格子指數為何？(A) <3 (B) 3~5 (C) 5~10 (D) 10~15

( ) 23. 下列何種蠅類是以機械性傳播疾病？(A)廄腐蠅 (B)紅尾肉蠅 (C)大頭金蠅 (D)以上皆是

( ) 24. 以乳劑、水懸劑及液劑防除蠅類幼蟲，噴灑藥量須涵蓋孳生源（垃圾）上層約幾公分？(A) 3~5 (B) 5~7 (C) 10~15 (D) 20~30

( ) 25. 下列何種蠅類能夠傳播腸道感染的疾病？(A)普通家蠅 (B)二條家蠅 (C)廄刺蠅 (D)紅尾肉蠅

( ) 26. 下列何種蠅類能夠傳播眼睛感染的疾病？(A)普通家蠅 (B)二條家蠅 (C)廄刺蠅 (D)紅尾肉蠅

( ) 27. 下列何種蠅類能夠傳播小兒麻痺病毒？(A)普通家蠅 (B)二條家蠅 (C)廄刺蠅 (D)紅尾肉蠅

( ) 28. 下列何種蠅類能夠傳播皮膚感染的疾病，如雅司疾、皮膚白喉、黴菌病及癩皮病？(A)普通家蠅 (B)二條家蠅 (C)廄刺蠅 (D)紅尾肉蠅

(　) 29. 在臺灣，東方果實蠅一年可發生幾個世代？(A) 3~5個世代　(B) 6~7個世代　(C) 8~9個世代　(D) 10~12個世代

(　) 30. 雌果蠅對果實的影響主要為？(A)引起果實腐爛　(B)造成落果現象　(C)影響果實之品質及產量　(D)以上皆是

(　) 31. 東方果實蠅的蟲口密度消長在每年的何時逐漸升高？(A) 1~3月　(B) 4~5月　(C) 6~8月　(D) 9~10月

(　) 32. 瓜實蠅主要危害瓜類作物，在臺灣每年的何時為肆虐高峰期？(A) 1~3月　(B) 4~5月　(C) 4~9月　(D) 10~12月

(　) 33. 下列何者可施用以誘殺果蠅？(A) 90%甲基丁香油　(B) 80%三氯松可溶性粉劑　(C) 50%芬殺松乳劑　(D) 90%含毒甲基丁香油

(　) 34. 下列何種果蠅是水果類經濟作物的主要害蟲，在臺灣一年四季都可見其蹤跡？(A)黑腹果蠅　(B)東方果實蠅　(C)瓜實蠅　(D)以上皆是

(　) 35. 瓜實蠅的發生在臺灣周年可見，以何時為其族群高峰期？(A) 1~3月　(B) 4~9月　(C) 10~2月　(D)以上皆是

(　) 36. 下列何種果蠅是家庭、餐館和其他有食物的地方之常見害蟲？(A)黑腹果蠅　(B)東方果實蠅　(C)瓜實蠅　(D)以上皆是

(　) 37. 下列何者可應用為東方果實蠅的天敵？(A)卵寄生蜂　(B)幼蟲寄生蜂　(C)格氏突闊小蜂　(D)以上皆是

(　) 38. 下列何種果蠅是在家裡面最常看到的小型蠅類，通常出現在垃圾桶或廚餘附近？(A)黑腹果蠅　(B)東方果實蠅　(C)瓜實蠅　(D)以上皆是

(　) 39. 螞蟻是運用何種方式引導同伴尋找食物源？(A)口器分泌甲酸　(B)口器分泌蟻酸　(C)後足腺體分泌費洛蒙　(D)尾部分泌蟻酸

(　) 40. 螞蟻為騷擾性的居家害蟲，下列何者為臺灣最常見的品種？(A)小黃家蟻　(B)臭巨蟻　(C)熱帶大頭蟻　(D)以上皆是

(　) 41. 下列何者常在建築物內築巢，性耐乾罕，為城市最常見的螞蟻？(A)小黃家蟻　(B)臭巨蟻　(C)熱帶大頭蟻　(D)狂蟻

(　) 42. 下列哪一個品種的蟻類多在樹上築巢，腰節上有似牛角的棘刺，工蟻攻擊性強，蟻巢若受擊擾會大量踴出防禦，具攻擊性？(A)黑棘蟻　(B)狂蟻　(C)熱帶大頭蟻　(D)疣胸琉璃蟻

(　) 43. 下列哪一個品種的蟻類常築巢於樹叢間，蟻巢為球形、土球狀，外觀和虎頭蜂巢相似？(A)黑棘蟻　(B)懸巢舉尾蟻　(C)熱帶大頭蟻　(D)疣胸琉璃蟻

(　) 44. 下列何者可視為蛾蚋對人類造成的危害？(A)騷擾性害蟲　(B)機械性病媒　(C)蠅蛆病　(D)以上皆是

(　) 45. 蛾蚋的卵產於腐爛有機物質上，約多久時間內可孵化成幼蟲？(A) 12小時　(B) 24小時　(C) 36小時　(D) 48小時

(　) 46. 蛾蚋最重要的害蟲性是會造成何種疾病？(A)蠅蛆症　(B)腹瀉　(C)呼吸性過敏　(D)以上皆是

(　) 47. 蛾蚋幼蟲羽化後約多久就會開始產卵？(A) 1~2天　(B) 3~4天　(C) 5~6天　(D) 12小時

(　) 48. 蛾蚋在居家環境衛生中被歸類為何種害蟲？(A)病媒性　(B)騷擾性　(C)汙染性　(D)傳染性

(　) 49. 下列何者為重要的城市新騷擾性害蟲？(A)白斑大蛾蚋　(B)星斑蛾蚋　(C)蠅蝶　(D)以上皆是

(　) 50. 蛾蚋最重要的蟲害性為下列何者？(A)機械性病媒　(B)騷擾性害蟲　(C)蠅蛆病　(D)以上皆是

(　) 51. 下列何者能培養出大量的蛾蚋？(A)潮濕抹布　(B)菜瓜布　(C)廚房的水槽　(D)以上皆是

(　) 52. 星斑蛾蚋雌性成蟲一次可產下幾顆卵於富有腐敗有機質的平面？(A) 15~40　(B) 100~150　(C) 241±16.6　(D) 200~400

(　) 53. 白斑大蛾蚋雌性成蟲一次可產下幾顆卵於富有腐敗有機質的汙水下水道中？(A) 15~40　(B) 100~150　(C) 241±16.6　(D) 200~400

(　) 54. 衣魚從幼蟲到成蟲的成長過程中，形態上的變化屬於何種型式？(A)完全變態　(B)無變態　(C)漸進式變態　(D)不完全變態

(　) 55. 下列哪一個品種是家居室內較常見的衣魚？(A)臺灣衣魚　(B)斑衣魚　(C)絨毛衣魚　(D)以上皆是

(　) 56. 下列何者是衣魚的天敵？(A)蠼螋　(B)蠅虎　(C)昇犽　(D)以上皆是

(　) 57. 衣魚在室溫環境下，大概一年就可發育為成蟲，其壽命約多長？(A) 3~6個月　(B) 1年　(C) 2~8年　(D) 10~12年

(　) 58. 下列何者對衣魚具有驅趕、忌避效果？(A)氯化銨水(Ammonium Chloride Water)　(B)樟腦丸(Camphor Ball)　(C)萘丸(Naphthalene Pill)　(D)以上皆是

(　) 59. 居家環境中常見的一種小型白色的蟲，藏在絲質的袋狀物或網狀物（稱為筒巢）內，懸吊在牆壁上，是何種昆蟲？(A)衣魚　(B)書蝨　(C)衣蛾　(D)蛾蚋

(　) 60. 下列何種昆蟲常被稱為「家中負巢者」？(A)蜘蛛　(B)衣蛾　(C)蛾蚋　(D)絨毛衣魚

(　) 61. 下列何種昆蟲是居家中書籍、衣服、毛料、皮製品等的害蟲？(A)書蝨　(B)衣蛾　(C)衣魚　(D)以上皆是

( ) 62. 下列何者為臺灣居家環境中最常見的衣蛾種類？(A)袋衣蛾　(B)黃衣蛾　(C)瓜子蟲衣蛾　(D)以上皆是

( ) 63. 下列何者為糙米、白米、小麥等穀物的主要害蟲？(A)米象　(B)玉米象　(C)綠豆象　(D)小紅鰹節蟲

( ) 64. 下列何者為玉米、高粱等雜糧作物最常見且危害最嚴重之積穀害蟲？(A)米象　(B)玉米象　(C)綠豆象　(D)小紅鰹節蟲

( ) 65. 下列何者為菜豆、豇豆、扁豆、豌豆、蠶豆、綠豆、赤豆等的主要害蟲？(A)米象　(B)玉米象　(C)綠豆象　(D)小紅鰹節蟲

( ) 66. 下列何者為糙米、小麥、花生、玉米、甘藷簽、豆粉、餅乾、乾果等的主要害蟲？(A)米象　(B)玉米象　(C)綠豆象　(D)小紅鰹節蟲

( ) 67. 下列何者為菸葉、蒜球、甘藷簽、花生、餅乾、飼料、乾果、油料種子、乾椰子肉、麵粉、胡桃肉、蜜餞等的主要害蟲？(A)煙甲蟲　(B)鋸胸粉扁蟲　(C)外米偽步行蟲　(D)穀蠹

( ) 68. 下列何者為稻穀、米、麥、高粱、甘藷簽、花生、餅乾、飼料、乾果、油料種子、乾椰子肉、麵粉、胡桃肉、蜜餞等的主要害蟲？(A)煙甲蟲　(B)鋸胸粉扁蟲　(C)外米偽步行蟲　(D)穀蠹

( ) 69. 下列何者為米穀、米糠、大麥、小麥、玉米、豆類、粉科、中藥材等的主要害蟲？(A)煙甲蟲　(B)鋸胸粉扁蟲　(C)外米偽步行蟲　(D)穀蠹

( ) 70. 下列何者主要食害穀物，亦會蛀食木材、竹器，常能引起積穀發熱，導致積穀變質？(A)煙甲蟲　(B)鋸胸粉扁蟲　(C)外米偽步行蟲　(D)穀蠹

( ) 71. 下列何者是主要食害米穀、小麥、玉米、高粱、花生、甘藷簽等的主要害蟲？(A)穀蠹　(B)鋸胸粉扁蟲　(C)大穀盜　(D)外米偽步行蟲

(　)72. 下列何種蛾類是積穀散裝倉中為害最嚴重之鱗翅目害蟲？(A)麥蛾　(B)外米綴蛾　(C)粉斑螟蛾　(D)夜盜蛾

(　)73. 下列何種蛾類是糙米或白米最常見之鱗翅目積穀害蟲，造成糙米或白米在碾米過程中受此蟲汙染危害？(A)麥蛾　(B)夜盜蛾　(C)粉斑螟蛾　(D)外米綴蛾

(　)74. 下列何種蛾類是蒜球儲藏之主要鱗翅目害蟲？(A)外米綴蛾　(B)夜盜蛾　(C)粉斑螟蛾　(D)麥蛾

(　)75. 下列何種方式是預防積穀害蟲孳生的必要措施？(A)產品放置在低溫倉庫內（15℃以下）　(B)利用伽馬(γ)射線、紅外線或無線電波等處理受害穀物　(C)使用乳劑噴灑倉庫以除滅倉庫的害蟲　(D)以上皆是

解答｜ACBBA　ADDCD　DBAAB　DABCB
CBDCA　BAACD　BCDBB　ADACD
DABDD　ABBDD　DACBA　DCDCB
DAABC　DABCD　CADCA

MEMO

CHAPTER 21

驅蟲產品介紹

本章大綱

氣溫漸暖，蚊蟲問題頻頻冒出，為了防止這些「小昆蟲」影響居家生活品質，消費者應如何選購市面上常見的驅蟲產品？如不慎誤用應如何處理？

隨著人類文明不斷進步，越來越多的化工產品進入我們的生活，從某種程度上說，這是科技帶給人類的福利，也因此改善了生活品質，但與此同時，它們亦是雙刃劍，其對人類的不良影響也被現代科學所證實。因此，使用驅蟲產品要有 5W 的概念：

1. What：即屬於哪一類的環境衛生用殺蟲劑？有否標示製造、加工或輸入的取得許可證字號？
2. Who：即誰能用「環」藥。環境用藥依濃度及使用方式分為環境用藥原體、一般環境用藥和特殊環境用藥，環境用藥原體是用來製造環境用藥產品的有效成分原料，限由環境用藥製造業使用；一般環境用藥有效成分含量較低、使用簡便，民眾可在超商、賣場購買，直接拆封後使用；特殊環境用藥為限制用藥，其濃度較高，需穿戴安全防護設備並稀釋，未取得許可執照者不得販賣及使用。
3. Which：即防治對象。防治居家周圍環境及公共場所之有害環境衛生生物，例如蚊子、蟑螂、蒼蠅等。
4. When & Where：即「環」藥使用時機及地點。環境衛生用藥適用於居家及公共場所之室內外周圍環境，應因地制宜。為了避免汙染食物、食器、飼料、作物、禽畜，環境用藥不可直接向前述物品及動／植物飼養場所噴灑。

21-1 驅蟲產品的主要成分

目前市面上的驅蟲產品主要可分為三類：(1)第一類：以草本精油成分為主的香氛驅蟲。天然萃取的香氛精油雖然效果不是最佳，但毒性最低，可以直接使用在肌膚上；但多種精油混合組成的產品，仍有可能對肌膚敏感者造成刺激；(2)第二類：為常聽到的成分，民眾應該對它不陌生，即待乙妥(Diethyltoluamide; DEET)，又稱敵避、敵避胺、避蚊胺，是有效驅蚊成分之一，但具有特殊氣味。雖然正常使用下安全，不過衛生福利部食品藥物管理署仍建議，6 個月以下嬰孩勿使用，以及不可直接用於肌膚上，應噴灑於衣物，即便萬不得已需使用在身上，也須注意不該觸碰到傷口，且絕對禁止吸入或食入；(3)第三類：為新成分埃卡瑞丁(Icaridin)，別名派卡瑞丁(Picaridin)、KBR3023，是 1998 年出現，於最近才開始推廣於市面的驅蟲產品。目前與 DEET 被視為有效驅蚊成分，是一款無色無味，且毒性和肌膚刺激性亦較 DEET 低的一種驅蟲成分，但美國建議若使用於 2 個月以上的幼兒，濃度限 5%以下。雖說如此，不論哪一種驅蟲成分，孩童使用前建議應先詢問小兒科醫師，更為安全。

有些產品雖標榜「天然」，但實際上真的天然嗎？此類產品所指的大概是草本精油，而所謂精油(Essential Oil)，是指從植物中萃取出的天然來源芳香物質，是植物的精華，亦是植物經過光合作用而生成的有機化合物，又稱植物荷爾蒙，為香草植物代謝的副產物。精油普遍存在於植物的各個部位，包括樹根、樹幹、樹皮、樹莖、葉、花、果實等，可藉由各種萃取法，從不同部位萃取出不同成分的精油。

通常從植物中萃取出的精油為「純精油」，由於其濃度高，不建議直接使用在皮膚上，以免造成肌膚不適等問題；而一般應用於居家環境中的「薰香」，則是純精油或高濃度的精油，皆需藉由擴香儀器（如燃燭式薰香台、插電式恆溫擴香石、擴香石、負離子擴香儀器等）微加熱後，促使精油揮發，散布薰蒸之香味，以達到聞之心神清新或驅蟲效果；至於應用於皮膚上的精油，稱為「按摩精油」，是與植物油調和、稀釋過的按摩油，能直接使用在肌膚，推開按摩，但仍需注意成分與濃度問題。

市面上的草本精油產品種類繁多，有些產品標榜「天然」，但不一定天然，反而以化學合成產品居多，民眾購買時要特別注意成分標示，如表 21-1 所示。往往媒體廣告越頻繁、成本越高，價格也越貴，但與成效不一定成正比，產品成分及含量決定了驅蟲效果，表 21-1 所述可做為參考，切勿迷信明星代言廣告。

▶ **表 21-1　精油對各種蚊蟲的忌避效果**

精油種類	主要成分	驅蟲（忌避）之對象
丁香	丁香酚、乙醯丁香酚、α-與 β-丁香烴	蚊子、蒼蠅、跳蚤
肉桂	丁香酚、丁香烴、苯甲酸苄酯、肉桂醛	蚊子、蒼蠅、室塵蟎
檀香	α-檀香醇、β-檀香醇	可防蚊蟲叮咬，但驅蚊效果不佳
羅勒	沈香醇、小茴香醇、丁子香酚、甲基黑椒酚、β-石竹烯	蒼蠅、果蠅、蟑螂
橘類	檸檬烯、香葉烯、α-蒎烯、芳樟醇、橙皮苷	蚊子、蚜蟲、室塵蟎
茶樹	4-松油醇、α 松油醇、芳樟醇	蚊子、蒼蠅、螞蟻、跳蚤、蚜蟲
薄荷	薄荷醇、薄荷酮	蚊子、蒼蠅、螞蟻、跳蚤、蚜蟲

▶ 表 21-1 精油對各種蚊蟲的忌避效果（續）

精油種類	主要成分	驅蟲（忌避）之對象
荊芥（貓薄荷）	右旋薄荷酮、消旋薄荷酮、右旋檸檬烯、α-蒎烯、莰烯、β-蒎烯	蚊子、蟑螂、螞蟻、蚜蟲
迷迭香	迷迭香酸、樟腦、咖啡酸、熊果酸、樺木酸、鼠尾草酸、鼠尾草酚	蚊子、蒼蠅、蚜蟲、紋白蝶、夜盜蛾
薰衣草	乙酸芳樟酯、芳樟醇、薰衣草醇、1,8-桉葉油醇、乙酸薰衣草酯、樟腦	蚊子、蒼蠅、蟑螂、衣魚、飛蛾
檸檬草	香葉醛（反式檸檬醛）、橙花醛（順式檸檬醛）	蚊子、跳蚤、蜱（壁蝨）
百里香	α-側柏酮、α-蒎烯、莰烯、β-蒎烯、對傘花烴、α-萜品烯、沉香醇、莰醇、β-石竹烯、百里酚	蚊子、蜱、紋白蝶
尤加利	桉油醇、芳樟烯、樟腦、茴香萜、柚油萜	蚊子、蒼蠅、蟑螂、跳蚤
廣藿香	廣藿香醇、西車烯、α-愈創木烯、α-布藜烯、α-廣藿香烯、β-廣藿香烯	蚊子、恙蟲、跳蚤、螞蟻、虱子、飛蛾、抗黴菌
天竺葵	牻牛兒酸、牻牛兒醇、香茅醇、松油醇、檸檬醛、薄荷酮、丁香酚、檜烯	蚊子、蒼蠅、葉蟬、蚜蟲
馬鬱蘭	單萜醇（萜品烯-4-醇、沈香醇）、單萜烯（萜品烯）	蚊子、室塵蟎、跳蚤
檸檬香茅	檸檬醛、香葉烯、香茅醛、牻牛兒醇、左旋龍腦、1,8-對-薄荷二烯-5-醇	蚊子、蟑螂

21-2 驅蟲產品對環境與人體的影響

驅蟲效果所指的是忌避效用，即蚊蟲嗅到或接觸到不一定會死亡，是不喜接近而遠離，以達到一定濃度的空間範圍內隔離蚊蟲的效果。驅蟲產品如植物精油、敵避、埃卡瑞丁或派卡瑞丁等，若在高濃度下又沒有保持通風，且長時間的暴露，對人、畜皆會產生負面影響，如可能會出現頭暈、頭痛、注意力不集中，甚至意識喪失等症狀。

選購驅蟲產品時須注意產品的成分標示，業者為達到驅蟲效果，會混合多種配方，即所謂的複方產品，成分越複雜越容易對環境與人、畜產生負面影響，如媒體廣告名詞「無論居家或外出，天然頂級 OOO 有效預防蚊蟲叮咬，不怕皮膚外露，一瓶搞定！」。普遍而言，居家使用的驅蟲產品有效濃度範圍約半徑 2~3 m、戶外的有效濃度範圍約半徑 0.5~1.0 m，且受風洞影響而效果減弱；一般驅蟲產品噴灑或塗抹在衣物上，其持續有效時間約 2~4 小時（DEET 與埃卡瑞丁類產品可達 6~8 小時），而室內使用薰蒸植物精油時，建議避免連續超過 4 小時，並注意保有室內空氣的流通性。

一、植物精油

為芳香植物的高度濃縮提取物，取自於草本植物的花、葉、根、樹皮、果實、種子、樹脂等，以蒸餾、壓榨方式提煉出來（圖 21-1）。一般而言，植物精油含有醇類、醛類、酸類、酚類、丙酮類、萜烯類等化學物質，由於香熏精油揮發性高，且分子小，很容易被人體吸收，滲透入體內器官，整個過程只需要幾分鐘，且植物本身的香味會直接刺激腦下垂體激素、酵素及荷爾蒙的分泌，因此，懷孕初期以及孩童最好避免使用；皮膚或體質敏感者，應在使用前進行敏感測試；而患有高／低血壓、癲癇、神經及腎臟疾病的病人亦應避免使用。

圖 21-1 植物精油類驅蟲產品的原生植物

二、待乙妥(DEET)

會抑制中樞神經酶的乙醯膽鹼酯酶，且不只作用於昆蟲類，也會作用於哺乳類動物。乙醯膽鹼酯酶會參與乙醯膽鹼的水解過程，藉由神經調控進而控制肌肉，許多殺蟲劑利用此特性，藉由阻斷乙醯膽鹼酶使肌肉麻痺窒息而亡。

圖 21-2 待乙妥類驅蟲產品

氨基甲酸酯是常見的 DEET 混合殺蟲劑，可增加其毒性；DEET 如使用濃度過高，可能令眼睛腫痛及造成頭痛、氣管收縮，甚至抽搐和昏迷，故建議 12 歲以下孩童使用濃度低於 10%的產品，且於使用時先把 DEET 防蚊產品噴於手部，再塗抹於孩童皮膚或衣物上（圖 21-2）。

三、埃卡瑞丁(Icaridin)

埃卡瑞丁類產品（藥劑濃度 5~20%）（圖 21-3）對蒼蠅、蚊子、恙蟎、蜱有驅蟲效果，是美國疾控中心評為除了 DEET 外，最有效的驅蚊成分（防蚊效果較 DEET 稍差），其應用與 DEET 相同，到戶外時噴灑一次已足夠驅蚊效果。埃卡瑞丁無刺激性氣味，較少出現嚴重敏感症狀，故美國小兒科醫學會亦建議埃卡瑞丁可作為 DEET 的取代選擇。

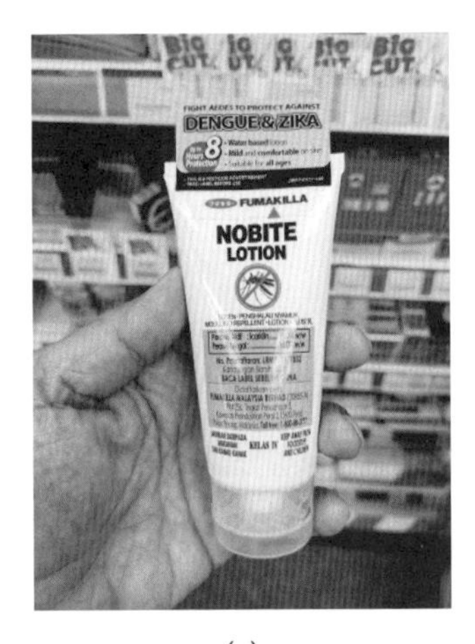

(a)

(b)

(c)

圖 21-3　埃卡瑞丁

21-3 驅蟲產品的正確使用法

根據《藥事法》第 39 條第 1 項規定，製造、輸入藥品，應將其成分、規格、性能、製法之要旨，檢驗規格與方法及有關資料或證件，連同原文和中文標籤、原文和中文仿單及樣品，並繳納費用，申請中央衛生主管機關查驗登記，經核准發給藥品許可證後，始得製造或輸入，故合法的驅蟲商品於產品包裝上必須確實標示生產、製造或進口商，並明示商品名稱、製造商名稱、電話、地址及商品原產地，屬進口商品者，也應標示進口商名稱、電話及地址，而產品的「製造日期」及「有效日期」自然也應「年、月、日」標示清楚。此外，產品說明書內需附註中毒症狀、急救及解毒方法。

根據《環境用藥管理法》第 9 條第 1、2 項規定，製造、加工或輸入環境用藥，應將其名稱、成分、性能、製法之要旨、分析方法、毒理報告、藥效（效力）報告及有關資料或證件，連同標示及樣品，向中央主管機關申請查驗登記，經核發許可證後，始得製造、加工或輸入，前項取得許可證之環境用藥屬一般環境用藥者，主管機關應於網際網路上公告其製造或輸入廠商、產品名稱、許可證字號、成分、性能及產品標示等資料，方便一般民眾查詢，而商品內容應標示主要成分或材料、產品淨重、容量、數量或度量等，且字體大小亦須合乎規定，倘若商品標示的字體小於 6 號（須用放大鏡才看得清楚），即可能違反商品標示法第 9 條，消費者更要仔細審視產品是否標示有「環保署許可字號」或「衛生署核準字號」字樣，商品經認定原產地為我國者，得標示臺灣生產標章。

一、使用方式

該如何正確使用驅蟲產品才能用得安心且不傷身？整理如下：

（一）植物精油

1. 即使已稀釋，使用前也應先做皮膚測試，以免引起身心或肌膚不適。
2. 純精油或按摩油皆不可直接接觸黏膜組織、眼球與眼眶周圍肌膚。
3. 不可任意內服，避免對身體造成負擔，須經由專家指示。
4. 劣質精油反而有害，務必選擇優質廠商。
5. 濃度過高的精油不建議直接塗抹於身體肌膚，應以按摩油稀釋。
6. 檸檬等柑橘類萃取精油濃度高且具有光敏性，使用後避免陽光照射。
7. 嬰幼兒、孕婦、氣喘、肝／腎病人、癲癇和癌症病人，須請教專家後方可使用部分精油。

（二）待乙妥(DEET)

1. 選擇濃度低的 DEET 類產品（藥劑濃度 10%以下較安全）。
2. DEET 類產品僅供外用，適量使用於外露的皮膚／衣物外部。不可用於被衣物遮蓋住的皮膚。
3. 不可敷用於眼睛、口唇、傷口，也不可使用於過敏或曬傷的皮膚。
4. 勿於密閉空間使用，以免吸入。
5. 使用時，於距離皮膚或衣物約 10~15 cm 處，緩慢擴散性噴灑。
6. 使用於臉部、耳後、頸部時，應先噴於手掌再塗於臉部，並避開眼睛及口唇周圍。

7. DEET 類產品與防曬產品一起使用時，建議先使用防曬產品。
8. 使用 DEET 類產品後，應以肥皂和水清洗手部，避免誤觸眼睛或誤食。

（三）埃卡瑞丁

1. 選擇濃度低的埃卡瑞丁類產品（藥劑濃度 20%以下較安全）。
2. 世界衛生組織(WHO)為避免孩童誤食，訂定 2 歲以上才可使用埃卡瑞丁類產品。
3. 美國規定出生未滿 2 個月不建議使用；加拿大規定未滿 6 個月不建議使用。

二、注意事項與急救方法

錯誤使用驅蟲產品或不慎誤食之處理、注意事項與急救方法如下：

1. 驅蟲產品不慎大量滴濺到皮膚或傷口時，亦應以大量清水沖洗超過 10~15 鐘，再以肥皂清洗 2 次以上；有傷口時需特別注意藥劑是否被快速吸收，導致全身性中毒，須盡速送醫。
2. 若是不慎誤食或疑似中毒，請依照誤食狀況遵照以下方法處理，若是無法自行處理，應直接撥打 119 送醫。
   (1) 保持冷靜，不要驚慌，若為孩童切勿打罵，不僅會耽誤救護時間，還可能使孩童哭鬧引起二次吸入、嗆到等意外情況。
   (2) 不可給予任何液體及催吐，若是毒性強的狀況下，容易發生昏迷或抽搐，此時催吐極易窒息，應盡快就醫。
   (3) 送往醫院時要帶上剩餘物品和包裝；如有嘔吐物，應一起帶往醫院，以便醫護人員了解情況，及時採取有效救護措施。

(4) 將全國毒藥物諮詢中心電話記錄於手機或電話機旁：

A. 北部：臺北榮民總醫院毒藥物諮詢中心專線：(02)2871-7121 或 (02)2871-7961。

B. 中部：臺中榮民總醫院毒藥物諮詢中心專線：(04)2359-2539。

C. 南部：高雄醫學大學毒藥物諮詢檢驗中心專線：(07)312-1101 或 (07)316-2631#7563。

D. 東部：花蓮慈濟醫院毒藥物諮詢中心專線：(03)856-1456。

參考文獻

王正雄(1994)・*家鼠防治概論（增修版）*・中華環境有害生物防治協會。

王正雄(1997)・*住家蟑螂生物學與防治*・中華環境有害生物防治協會。

王正雄(2009)・*環境有害生物防治文萃選輯（第二輯）*・中華環境有害生物防治協會。

王正雄、徐爾烈、羅怡佩、朱耀沂(1987)・*各型垃圾場蠅類發生之比較及防治方法之設計擬議*・行政院環保署環境保護局報告。

王凱淞(2002)・*環境衛生病媒管制學*・新文京開發出版有限公司。

王凱淞(2015)・*病媒管制學*・新文京開發出版有限公司。

王凱淞(2020)・*居家害蟲防治技術*・新文京開發出版有限公司。

王凱淞(2020)・驅蟲產品大解析讓您安心一「夏」・*消費者報導，470*，20-24。

王博優(1981)・新抗凝血素殺鼠劑 Brodifacoum 防除蔗園野鼠之效果・*臺灣糖業研究所研究彙報，87 號*，33-40。

王博優(1989)・新抗凝血素殺鼠劑伏滅鼠防除蔗園野鼠之效果・*臺灣糖業研究所研究彙報，123 號*，17-27。

王博優(1990)・鼠類對雜穀餌料的喜食性・*高醫醫誌，6*，402-407。

王敦清(1956)・幾種常見蚤類幼蟲型態的比較研究・*昆蟲學報，6*，311-322。

王耀東、賴鎮棋、王正雄、蕭東銘、蘇邱松(1976)・*臺北市蒼蠅孳生源之研究*・臺北市政府衛生局。

古德業、林慶鐘(1980)・臺灣中部地區倉庫鼠類組成及棲所探討・*植物保護學會會刊，22*，321-325。

行政院衛生署(1993)。*臺灣撲瘧紀實*。國堡印刷事業股份有限公司。

行政院衛生署疾病管制局(2009)。*登革熱防治工作指引*。行政院衛生署疾病管制局。

行政院衛生署環境保護署登革熱防治中心(1989)。*登革熱防治工作手冊*。行政院衛生署。

行政院環保署(1989)。*家鼠防治固定毒餌站設置手冊*。行政院環境保護署。

行政院環保署(2020)。*環境有害生物防治及施作計畫設計。病媒防治專業技術人員訓練教材*。東海大學。

行政院環環保署(2015)。*居家塵蟎防治手冊*。http://www.epa.gov.tw

行政院環環保署環境保護人員訓練所(2018)。*病媒防治專業技術人員訓練教材*。東海大學。

吳文哲、徐孟豪、許洞慶(1991)。貓蚤的生態與防治。*中華昆蟲特刊，6*，49-65。

李學進(1990)。美洲蟑螂之生活史及滅蟑餌劑亞特松之藥效評估。*國立中興大學興大昆蟲學報，23*，37-45。

李學進、王俊雄(2000)。*居家害蟲生態與防治技術*。國立中興大學農業推廣中心暨昆蟲學系。

周延鑫、楊琇婷(1990)。蟑螂性費洛蒙及青春激素類似物之應用簡介。*高雄醫誌，6*，389-401。

周玲、吳盈昌、樂怡雲(1997)。*臺灣地區登革熱流行之現況分析*。行政院環保署。

周欽賢、連日清、王正雄(1996)。*醫學昆蟲學*。南山堂出版社。

林和木、陳錦生、許清泉、鍾兆麟(1986)・屏東縣琉球鄉登革熱病媒蚊密度調查・*中華微免雜誌，19*，218-223。

范兹德(1957)・上海常見蠅類幼蟲小志・*昆蟲學報，7*，405-422。

唐立正(1996)・牧場家蠅生態及防治・*動物衛生季刊，4*，12-19。

唐立正、李學進、侯豐男、王正雄(1987)・*垃圾處理場蠅類孳生源之生態與防治方法之研究*・行政院環保署環境保護局。

唐立正、董耀仁、侯豐男(1988)・*垃圾處理場蠅類族群成長控制因子之研究*・行政院環保署。

師健民、趙麗蓮(1997)・萊姆病・*疫情報導，13*(12)，386-391。

徐士蘭、饒連財(1979)・數種室居蜚蠊之生活習性及其防治法・*臺灣環境衛生，11*，54-66。

徐爾烈(2000)・居家害蟲防治藥劑之種類及使用方法・國立中興大學農業推廣中心暨昆蟲學系，*居家害蟲生態與防治技術*（269-284頁）・國立中興大學。

陳錦生(1992)・*病媒防治人員訓練講義*・東海大學。

陳錦生（無日期）・*食品工廠及販售場所常見病媒生態及防治*。https://www.tqf.org.tw/tw/index.php#1

陸寶麟(1997)・昆蟲綱，第九卷，雙翅目，蚊科・*中國動物誌（下）*（192頁）・科學出版社。

費雯綺、王喻其(2007)・*植物保護手冊*・行政院農業委員會農業藥物毒物試驗所。

劉玉章(2003)・*臺灣東方果實蠅及瓜實蠅之研究及防治回顧*・昆蟲生態與瓜果實蠅研究研討會。

劉麗娟(2010)・蜚蠊綜合防治研究概況・*中國媒介生物學及控制雜誌，21*(1)，85。

蔡肇基(2015)・*塵蟎(Dust mite)藥劑防治*・臺灣環境有害生物管理協會。

衛生福利部(2021)・*控制氣喘有三招*。https://www.mohw.gov.tw/cp-5018-61890-1.html

衛生福利部疾病管制署（2018，12 月 12 日）・*人疥蟎*。http://www.cdc.gov.tw

鄧國藩、馮蘭洲(1953)・溫帶及熱帶臭蟲在中國地理的分布・*昆蟲學報，2*，253-264。

盧高宏(1993)・家鼷鼠(*Mus musculus castaneus*)對四種抗凝血性殺鼠劑之感受性評估・*植物保護學會會刊，35*，205-210。

賴景陽、朱耀沂(1989)・動物篇・*可愛世界（上）*（171-172 頁）・國語日報。

戴維伯尼爾(2007)・*動物奇觀*・世一文化事業股份有限公司。

嚴奉琰、徐世傑、楊仲圖、孫志寧(1989)・*害蟲管制概論*・正中書局。

Anderson, J. F., Ferrandino, F. J., McKnight, S., Nolen, J., & Miller, J. (2009). A carbon dioxide, heat and chemical lure trap for the bedbug, Cimex lectularius. *Medical and veterinary entomology, 23*(2), 99-105.

Andrews, R. M., McCarthy, J., Carapetis, J. R., & Currie, B. J. (2009). Skin disorders, including pyoderma, scabies, and tinea infections. *Pediatric Clinics, 56*(6), 1421-1440.

B Bhattacharya, N. C., & Dey, N. (1969). Preliminary laboratory study on the bionomics of Aedes aegypti Linnaeus and A. albopictus Skuse. *Bulletin of the Calcutta School of Tropical Medicine, 17*(2).

Beard, R. L. (1963). Insect toxins and venoms. *Annual Review of Entomology, 8*, 1-18.

Bennett, G. W., Owens, J. M., & Corrigan, R. M. (1988). *Truman's scientific guide to pest control operations* (No. Ed. 4). Edgell Communications.

Bouvresse, S., & Chosidow, O. (2010). Scabies in healthcare settings. *Current opinion in infectious diseases, 23*(2), 111-118.

Brookes, M. (2002). *Drosophila: Die Erfolgsgeschichte der Fruchtfliege.* Rowohlt.

Brown, B. V. (2012). Small size no protection for acrobat ants: World's smallest fly is a parasitic phorid (Diptera: Phoridae). *Annals of the Entomological Society of America, 105*(4), 550-554.

Busvine, J. R. (1978). Evidence from double infestations for the specific status of human head lice and body lice (Anoplura). *Systematic Entomology, 3*(1), 1-8.

Busvine, J. R. (1980). *Insects and Hygiene*. Methuenand Co.

Calisher, C. H., Karabatsos, N., Dalrymple, J. M., Shope, R. E., Porterfield, J. S., Westaway, E. G., & Brandt, W. E. (1989). Antigenic relationships between flaviviruses as determined by cross-neutralization tests with polyclonal antisera. *Journal of general virology, 70*(1), 37-43.

Carpenter, J. M., & Kojima, J. I. (1997). Checklist of the species in the subfamily Vespinae (Insecta: Hymenoptera: Vespidae). *Natural history bulletin of Ibaraki University, 1*, 51-92.

Chen, W. J., Wei, H. L., Hsu, E. L., & Chen, E. R. (1993). Vector competence of Aedes albopictus and Ae. aegypti (Diptera: Culicidae) to dengue 1 virus on Taiwan: Development of the virus in orally and parenterally infected mosquitoes. *Journal of medical entomology, 30*(3), 524-530.

Eggleston, P. A., & Arruda, L. K. (2001). Ecology and elimination of cockroaches and allergens in the home. *Journal of Allergy and Clinical Immunology, 107*(3), S422-S429.

Hay, R. J. (2009). Scabies and pyodermas–diagnosis and treatment. *Dermatologic therapy, 22*(6), 466-474.

Hermes, W. B. (1950). *Medical Entomology* (4th ed.). Macmillan.

Hicks, M. I., & Elston, D. M. (2009). Scabies. *Dermatol Ther 22*(4), 279-92.

Hurlbut, H. S. (1964). The pig-mosquito cycle of Japanese encephalitis virus in Taiwan. *Journal of medical entomology, 1*(3), 301-307.

IsHII, S., & Kuwahara, Y. (1967). An aggregation pheromone of the German cockroach Blattella germanica L.(Orthoptera: Blattellidae): I. Site of the pheromone production. *Applied Entomology and Zoology, 2*(4), 203-217.

Lien, J. C., & Chien, C. Y. (1974). Species of flies breeding in latrines in the Taipei area. *Zhonghua Minguo wei Sheng wu xue za zhi= Chinese Journal of Microbiology, 7*(4), 165-175.

Mulla, M. S., & Axelrod, H. (1983). Evaluation of Larvadex, a new IGR for the control of pestiferous flies on poultry ranches. *Journal of Economic Entomology, 76*(3), 520-524.

Okuno, T., Mitchell, C. J., Chen, P. S., Wang, J. S., & Lin, S. Y. (1973). Seasonal infection of Culex mosquitos and swine with Japanese encephalitis virus. *Bulletin of the World Health Organization, 49*(4), 347.

Olson, J. G., Bourgeois, A. L., Fang, R. C., Coolbaugh, J. C., & Dennis, D. T. (1980). Prevention of scrub typhus. Prophylactic administration of doxycycline in a randomized double blind trial. *The American journal of tropical medicine and hygiene, 29*(5), 989-997.

Pedigo, L. P., Rice, M. E., & Krell, R. K. (2021). *Entomology and pest management.* Waveland Press.

Persoons, C. J., Verwiel, P. E. J., Ritter, F. J., Talman, E., Nooijen, P. J. F., & Nooijen, W. J. (1976). Sex pheromones of the American cockroach, Periplaneta americana: A tentative structure of periplanone-B. *Tetrahedron Letters, 17*(24), 2055-2058.

Pham, X. D., Otsuka, Y., Suzuki, H., & Takaoka, H. (2001). Detection of Orientia tsutsugamushi (Rickettsiales: Rickettsiaceae) in unengorged chiggers (Acari: Trombiculidae) from Oita Prefecture, Japan, by nested polymerase chain reaction. *Journal of medical entomology, 38*(2), 308-311.

Rozendaal, J. A. (1997). *Vector control: Methods for use by individuals and communities.* World Health Organization.

Scott, H. G., & Borom, M. R. (1976). Rodent-borne disease control through rodent stoppage. Publ. No. 97-537. Dept. *Health, Education, and Welfare. Atlanta, US Public health Service, 33p.*

Smith, K. G. (1973). Insects and other arthropods of medical importance. *Insects and other arthropods of medical importance.*

Tseng, B. Y., Yang, H. H., Liou, J. H., Chen, L. K., & Hsu, Y. H. (2008). Immunohistochemical study of scrub typhus: A report of two cases. *The Kaohsiung journal of medical sciences, 24*(2), 92-98.

United Kingdom Health Protection Agency.(2005). "Chagas' disease (American trypanosomiasis) in southern Brazil". *CDR Weekly 15*(13), 30.

Van Emden H. F., & Pealall, D. B. (1996). *Beyond Silent Spring*. Chapman & Hall.

Zia, S. H. (1941). Studies on the Murine Origin of Typhus Epidemics in North China. I. Murine Typhus Rickettsia isolated from Body Lice in the Garments of a Sporadic Case. *American Journal of Tropical Medicine, 21*(4).

New Wun Ching Developmental Publishing Co., Ltd.

New Age · New Choice · The Best Selected Educational Publications — NEW WCDP

NEW WCDP
新文京開發出版股份有限公司
新世紀・新視野・新文京 — 精選教科書・考試用書・專業參考書